주머니 속

거미
도감

생태 탐사의 길잡이 8

주머니 속

거미
도감

이영보 글과 사진

황소걸음
Slow & Steady

주머니 속

거미
도감

펴낸날 | 2008년 2월 28일 초판 1쇄
2010년 1월 22일 초판 2쇄
지은이 | 이영보
만들어 펴낸이 | 정우진 강진영
꾸민이 | 한기석
펴낸곳 | 121-856 서울 마포구 신수동 448-6 한국출판협동조합 내 도서출판 황소걸음
편집부 | (02) 3272-8863
영업부 | (02) 706-8116
팩 스 | (02) 717-7725
이메일 | bullsbook@hanmail.net / bullsbook@naver.com
등 록 | 제22-243호(2000년 9월 18일)

황소걸음
Slow & Steady

ISBN 978-89-89370-59-0 06490

정성을 다해 만든 책입니다. 읽고 주위에 권해 주시길……
잘못된 책은 바꿔 드립니다. 값은 뒤표지에 있습니다.

거미의 세계로 초대합니다

거미는 물 속, 동굴, 땅 속, 풀밭, 숲 등 거의 모든 환경에 적응해 살고 있습니다. 거미는 침샘을 독샘으로 발전시켰으며, 거미줄을 내어 이를 효과적으로 이용할 줄 아는 절지동물입니다. 그러나 거무튀튀하고, 다리와 털이 많으며, 독이 있고, 거미줄로 먹이를 잡는다는 것 때문에 사람들이 혐오스럽게 생각하거나 부정적으로 여깁니다.

다행히 최근에는 거미가 해충을 예방하고 없애는 천적으로서 생물 농약으로 쓰이고, 어린이들의 체험 학습 소재로도 활용됩니다. 또 영화와 문학 작품에도 자주 등장하여 긍정적인 관심도 일고 있습니다. 이렇듯 거미에 대한 활용도와 이해의 폭을 조금만 더 넓히면, 거미가 혐오스럽고 죽여야 할 대상이 아니라 사람에게 유용한 동물이라는 것을 알 수 있습니다.

거미를 좀더 깊이 이해하기 위해서는 주변에 있는 거미의 이름을 알아 가는 것이 첫걸음입니다. 그래서 어린이와 생태 안내자, 숲 해설가, 일반인 등 거미에 관심 있는 사람이라면 누구나 쉽게 거미에 대해 이야기하고, 주변에서 발견한 거미를 알아볼 수 있도록 『주머니 속 거미 도감』을 썼습니다.

이 책에는 우리 나라에 사는 것으로 알려진 거미 679종 가운데 일상 생활에서 볼 수 있는 종을 중심으로 142종을 소개했으며, 생생한 생태 사진과 현장에서 관찰한 내용을 함께 실었습니다. 전체 종을 다루지 못했고 각 종에 대한 설명도 많이 부족하여 아쉽지만, 앞으로 거미의 생태와 독특한 생존 전략, 거미에게서 배울 수 있는 지혜 등을 연구해 독자 여러분께 더 많은 정보를 전해 드릴 것을 약속합니다. 더불어 이 책의 부족한 부분을 독자 여러분이 많이 질책하고 조언해 주시기 바랍니다.

이 책을 만들기까지 배움의 길을 인도해 주신 김주필 교수님과 거미 연구의 동반자인 후배 유정선 박사, 항상 도움을 주는 권중균 박사님과 조장환 선생님, 학자로서 꿈을 갖게 해 주신 강성원 선생님과 전영희 선생님께 감사드리며, 곁에서 도와 주신 최동로 부장님과 최영철 과장님, 박해철 박사님, 심하식 박사님, 김미애 선생님, 공공기관지방이전지원단 조은기 단장님, 강창호 부단장님, 송용석 팀장님과 지원단 식구들에게도 감사드립니다. 또 십수 년을 거미 연구에 몰두하며 비교적 많은 정보를 가지고 있으면서도 꿰지 못해 사장될 뻔한 자료를 묶어 도감을 만들 수 있게 배려해 주신 도서출판 황소걸음 여러분께 감사드립니다. 끝으로 말보다는 행동으로 솔선하는 인생의 스승이신 아버지 이경수 님, 어머니 윤복노 님, 믿음과 신뢰로 늘 미소짓는 아내 조미애, 아빠를 존경한다는 아들 대열과 딸 민정, 그리고 늘 따뜻한 우정으로 감싸주는 친구와 동료들에게 고마움을 전합니다.

어릴 적 매봉재의 꿈을 되새기며
이영보

차례

거미의 이해

 거미의 생김새와 특징

 용어 설명

 채집과 관찰

거미의 생김새와 특징

옛날에 거미는 '거무', '기미', '거모' 등으로 불렸다. 15세기 우리말을 통해 짐작해 보면 '거미'라는 말은 형용사 '검다'에 명사형 접미사 '-의'가 붙어 만들어진 듯하다. 거미는 분류학적으로 곤충강, 갑각강, 다지강과 더불어 절지동물에 포함된다.

거미의 외부 구조

몸 구분
곤충은 '머리'와 '가슴', '배'로 나뉘지만, 거미는 머리와 가슴이 붙은 '머리가슴'과 '배'로 나뉜다.

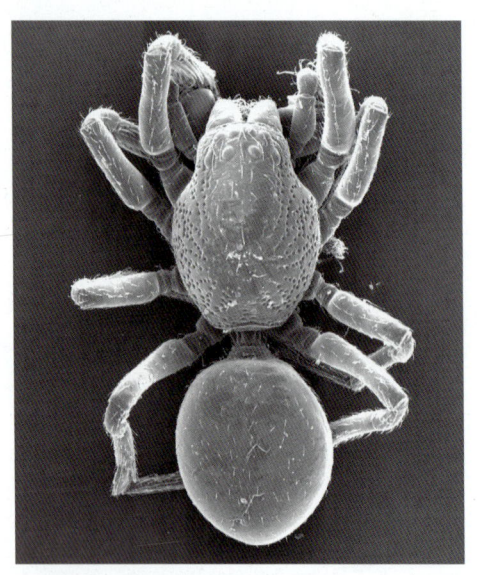

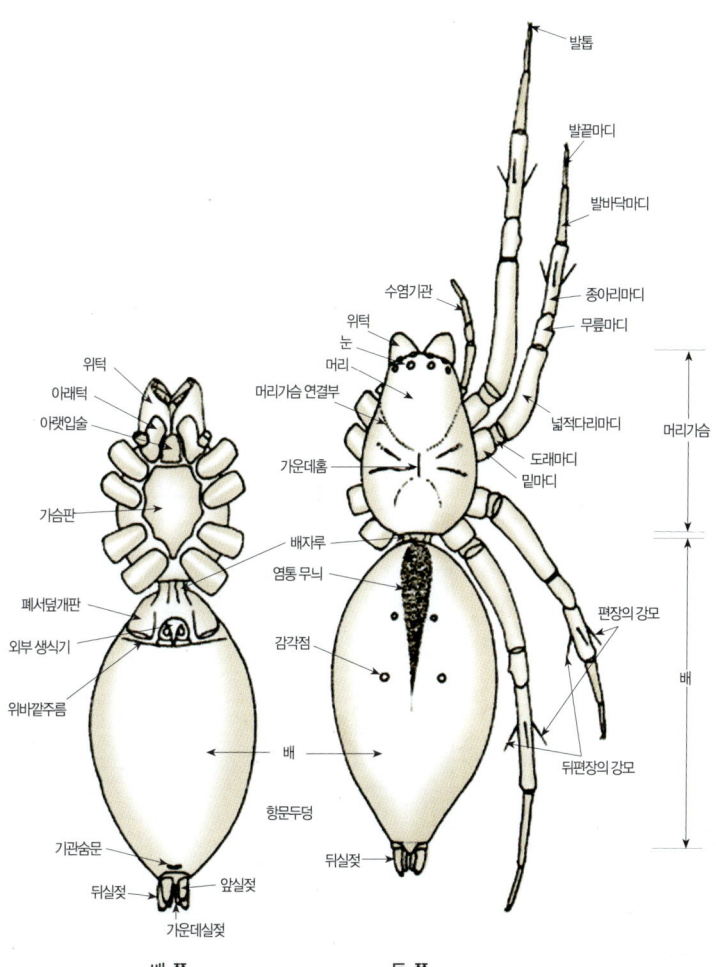

발톱

발끝마디

발바닥마디

종아리마디

무릎마디

수염기관

위턱

눈

머리

머리가슴 연결부

넓적다리마디

가운데홈

도래마디

밑마디

머리가슴

배자루

염통 무늬

편장의 강모

감각점

뒤편장의 강모

배

위턱

아래턱

아랫입술

가슴판

폐서덮개판

외부 생식기

위바깥주름

배

항문두덩

기관숨문

뒤실젖

앞실젖

가운데실젖

뒤실젖

배 쪽

등 쪽

11

다리 네 쌍

거미는 머리가슴에 다리가 여덟 개 있다. 거미강에는 통거미목, 응애목, 앉은뱅이목, 전갈목 등이 있으며, 이들도 모두 다리가 여덟 개여서 다리가 여섯 개인 곤충과 구별된다.

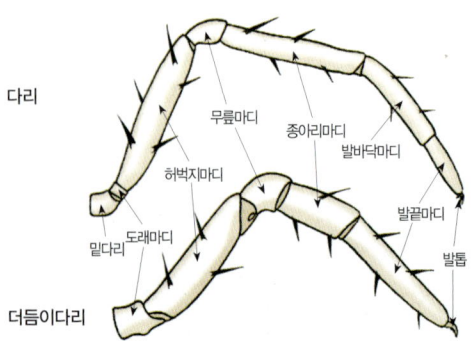

다리

무릎마디
종아리마디
허벅지마디
발바닥마디
밑다리
도래마디
발끝마디
더듬이다리
발톱

더듬이다리 한 쌍

입 양 옆에 있으며, 암컷은 단순히 다리처럼 생겼으나 수컷은 발끝마디 부분이 발달해 성숙기가 되면 짝짓기를 하는 데 이용한다.

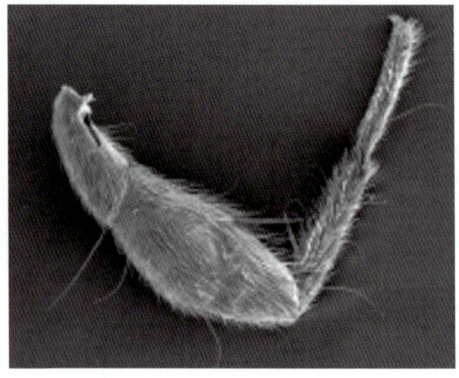

외부 생식기

새끼거미가 성숙하면 암컷은 배 밑에 외부 생식기 기관이 형성되고, 수컷은 더듬이다리 끝에 더듬이다리 기관이 형성된다(오른쪽은 수컷).

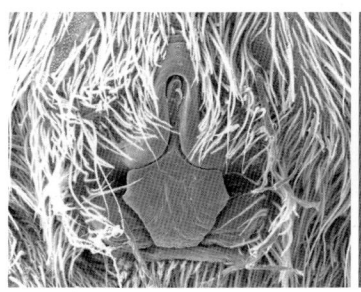 

눈

우리나라에 사는 거미는 모두 홑눈이며, 보통 여덟 개지만 종에 따라 눈이 완전히 퇴화되어 없는 것도 있으며, 한 개, 두 개, 네 개, 여섯 개인 것도 있다. 곤충은 겹눈과 홑눈이 있다.

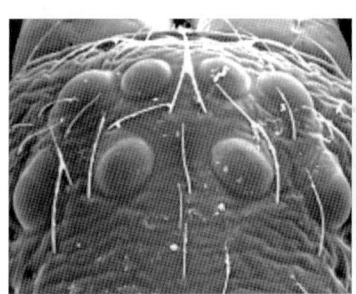 

입

위턱, 아래턱, 윗입술, 아랫입술로 구성되며, 특히 위턱에 독액을 뿜는 엄니가 있다.

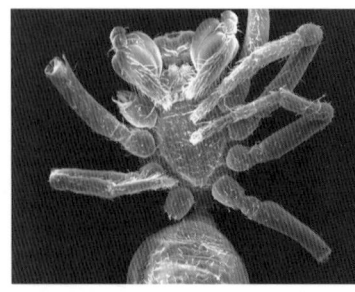 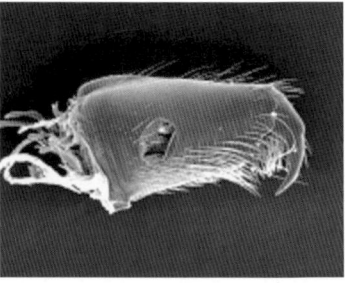

발톱

일반적으로 거미그물을 치는 거미들은 발톱이 세 개, 그물을 치지 않는 거미들은 발톱이 두 개다(오른쪽은 집파리의 발톱).

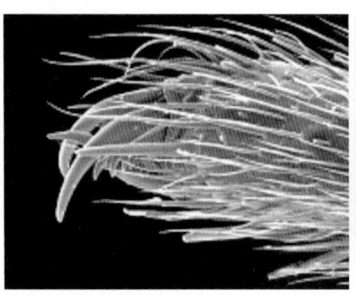 

실젖

거미는 대개 앞실젖, 가운데실젖, 뒤실젖이 쌍을 이루며, 종에 따라 두 개, 네 개, 일곱 개, 여덟 개인 것도 있다.

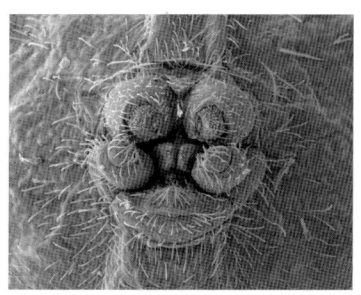

실관

실젖은 각각 작은 실관 1,000~2,000여 개로 되어 있으며, 그 실관은 거미 몸 속에 있는 실샘과 연결된다(오른쪽은 누에의 토사구).

 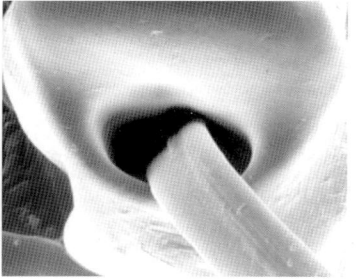

거미의 내부 구조

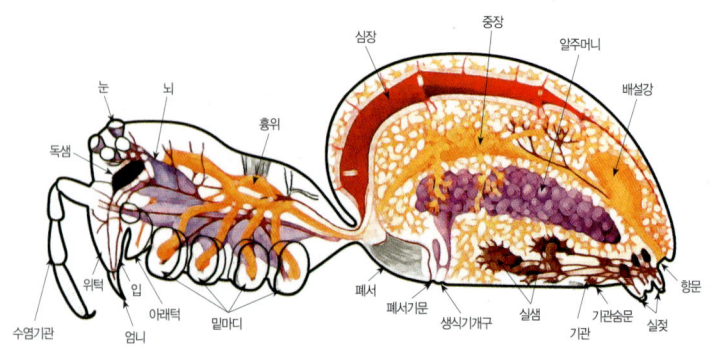

체벽과 속뼈대

키틴질로 덮인 거미의 표피는 바깥 뼈대의 기능을 하며, 몸 속에도 근육과 연결된 속뼈대가 있다.

근육계

거미의 근육은 대부분 흔적으로만 남아 있으나, 다리를 움직이는 근육(단, 다리를 펴는 일은 마디 속의 혈압에 따라 좌우됨)과 액체 상태의 먹이를 빨아들일 때 이용하는 근육은 비교적 잘 발달되어 있다.

소화기관

거미의 소화기관은 앞창자(구강, 목구멍, 식도, 흡위)와 가운데창자(흡위 바로 다음에 있으며, 수많은 가지창자로 구성됨), 뒤창자(배설물을 저장하는 똥주머니 '분낭'이 있음)로 구성된다.

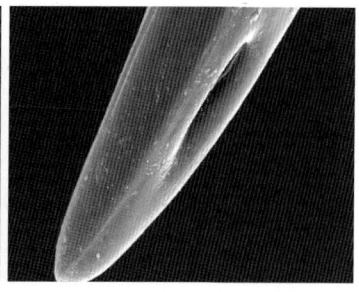

호흡기관

거미의 호흡기관은 공기주머니가 나란히 있어 책장처럼 생긴 책허파, 절지동물 특유의 호흡기인 기관 등 두 종류가 있다. 하지만 종에 따라 두 가지 모두 있는 것과 둘 중 하나만 있는 것이 있다.

순환계

사람은 혈관을 따라 피가 흐르는 폐쇄 혈관계인 반면, 거미는 혈관 밖으로 피가 흐르는 개방 혈관계며, 심장(염통)과 동맥으로 되어 있다.

배설기관

가운데창자와 뒤창자가 연결된 말피기관과 머리가슴 밑마디에 있는 밑마디샘으로 물과 염분 같은 노폐물이 분비된다.

거미의 분류학상 위치

예) 무당갈거미(*Nephila clavata* L. Koch, 1878)의 분류학상 위치

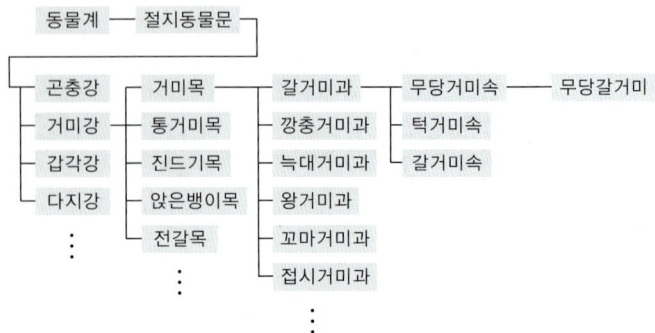

거미의 특징과 방어법

강직
거미줄이나 나뭇잎에 숨어 있던 거미가 위협을 느끼면 땅에 떨어져 잠시 죽은 척하는 행동(산왕거미, 여덟혹먼지거미 등).

도주
가장 기본적인 위험 회피 방법. 거미줄을 타고 도망가거나 안전실을 한 가닥 내리고 아래로 떨어지기도 하며(왕거미과, 꼬마거미과 등), 땅 위를 재빨리 달려 도망친다(깡충거미과, 늑대거미과 등).

무장
천적에게서 자신을 보호하기 위해 강한 위턱이나 독샘으로 싸우거나 동식물의 가시나 침 같은 것으로 몸을 무장하는 것(가시거미).

위장
자신이 먹은 음식물 찌꺼기나 나뭇잎 등으로 몸이 드러나지 않게 위장한다(여덟혹먼지거미, 점박이꼬마거미, 종꼬마거미 등).

의태
다른 동물이나 물체의 모양을 흉내내 천적의 눈을 속인다(큰새똥거미, 개미거미 등).

자절
도마뱀이 위협을 느낄 때 꼬리를 자르고 도망가듯 일부 다리를 자르고 달아나는 경우를 말한다(무당갈거미 수컷, 장님거미 등).

진동
위협을 느끼면 몸을 좌우로 흔들거나 거미줄을 흔들어 천적을 혼란스럽게 하거나 위협한다(긴호랑거미, 호랑거미, 무당갈거미, 유령거미 무리).

탈피
알에서 깨어 새끼거미(유체)가 된 다음, 여러 번 허물을 벗으며 어른거미(성체)가 된다.

유사 비행(ballooning)
날개는 없지만 거미실을 바람에 날리는 방법으로 멀리까지 간다.

📙 용어 설명

▶ **논거미** 논과 그 주변에 사는 거미들.

▶ **눈구역** 거미의 눈은 보통 여덟 개지만 종에 따라 한 개, 두 개, 네 개, 여섯 개인 것도 있다. 거미의 눈 위치는 과에 따라 다른데, 눈이 차지하는 위치나 배열을 눈구역이라 한다.

▶ **더듬이다리** 입 양 옆에 붙은 다리 모양의 부속지. 다리와 비슷하게 생겼지만, 다리보다 마디 수도 적고(다리는 일곱 마디, 더듬이다리는 여섯 마디) 크기도 작다. 특히 수컷의 더듬이다리는 성숙하면 끝 부분이 볼록해지며, 짝짓기를 할 때 정액을 암컷에게 옮기는 구실을 한다.

▶ **더듬이줄(신호줄)** 납거미류는 이중으로 된 원판 모양 차일그물을 만들며, 차일그물에는 사방으로 더듬이실이 연결되어 있다. 먹잇감이 기어가다가 더듬이실을 건드리면 거미가 튀어나와 사냥한다.

▶ **산실** 암컷이 알을 낳는 장소. 종에 따라 다르지만 알을 낳을 때가 되면 암컷은 거미줄로 고유한 산란 장소를 만들고 알을 낳는다. 염낭거미과 거미는 주로 벼과 식물의 잎을 말아 실로 엮어서 산실을 만든다.

▶ **선상 구조** 거미가 이동하거나 높은 곳에서 아래로 떨어질 때 내는 실. 두 가닥이나 네 가닥을 내지만 한 가닥처럼 보여 '선상 구조'라고 한다.

▶ **실젖** 거미의 몸 속 실샘에서 만들어진 액체 상태의 실을 고체 상태의 거미줄로 만드는 기관.

▶ **싸개띠** 산왕거미, 호랑거미, 긴호랑거미와 같은 왕거미류 거미가 거미줄에 걸린 먹잇감을 꼼짝 못 하게 꽁꽁 묶을 때 쓰는 실. 수십~수백 가닥을 뽑는다.

▶ **전대그물** 땅거미과 거미들이 땅 속이나 땅 위에 치고 먹이를 잡거나 은신처로 이용하는 길쭉한 거미집. 옛날 속옷에 매달고 다니던 전대(길쭉한 돈 주머니)와 모양이 비슷해 붙은 이름이다.

▶ **줄그물** 손짓거미나 꼬리거미 등이 먹이 사냥터로 이용하기 위해 공중

에 늘어 놓는 거미줄 몇 가닥.

▶ **지표성 거미** 토양 사이의 갈라진 틈과 구멍, 키 작은 나무 주변, 암석, 부러진 나뭇가지 밑, 풀밭, 산림의 낙엽 속, 풀 등에 살거나 그 곳에서 발견되는 모든 거미.

▶ **차일그물** 납거미과 거미들이 시골 민가의 벽이나 모서리에 치는 원형 천막과 같은 흰색 그물. 모양이 차일을 닮아 차일그물이라고 한다.

▶ **침대보** 무당거미가 산란 장소를 정하고 3~4시간 동안 수많은 거미줄을 내어 산란하는 곳. 모양이 침대보와 같아 붙은 이름이다.

▶ **책허파** 거미의 호흡기 중 하나. 책장처럼 생긴 공기주머니가 나란히 서 있는 모양이라 붙은 이름이다.

▶ **흰띠(숨은띠)** 호랑거미, 긴호랑거미 등이 원형 거미줄 가운데 I자, X자, 소용돌이 등 다양한 형태로 치는 그물. 거미줄을 보강하기 위해 친다는 주장과 천적의 눈을 속이기 위해 친다는 주장이 있지만, 최근에는 자외선의 반사 때문에 곤충을 유인하는 데 이용한다는 주장도 있다.

◻ 채집과 관찰

거미를 이해하기 위해서 가장 중요한 것이 채집과 분류, 관찰이다. 그러나 특별한 목적 없이 거미를 채집해 죽이거나 괴롭히는 일은 없어야 한다. 크기는 작지만 경이롭고 흥미진진한 거미의 세계를 들여다보자.

채집 준비물

채집 도구

채집망은 망사형과 광목형이 있으며, 두드려 잡을 때나 털어 잡을 때 등 필요에 따라 선택한다. 배회성 거미를 채집할 때는 종이컵과 플라스틱 컵

이나 병, 붓, 동력 흡충기, 흡충관 등이 필요하다. 또 땅 속에 사는 거미를 채집할 때 쓰는 모종삽과 손으로 잡기에 너무 작은 거미를 잡을 때 필요한 핀셋도 있다. 그 밖에 모자, 선크림, 손전등, 현미경, 헬멧, 로프(동굴에 사는 거미를 채집할 때) 등은 상황에 따라 준비한다.

채집통
채집통은 채집 목적, 거미의 크기나 생태적 특성에 따라 다를 수 있다. 작은 병이나 필름통, 플라스틱 반찬통, 곤충 채집통 등을 적절하게 이용한다. 채집통에는 채집한 장소와 채집할 때의 상황을 기록한다.

알코올
채집통에 산 채로 담아 와서 생태 조사를 하는 것이 필요하나, 여의치 않을 때는 에틸알코올(70~80%)에 담아 가져온다.

카메라
현장 생태를 기록하는 데 반드시 필요하다. 우선 거미가 사는 주변 환경을 촬영하고, 거미가 쳐 놓은 거미줄이나 먹이, 생태를 기록한다.

채집 방법

손으로 잡기
땅 위나 나무줄기, 나뭇잎 위를 기어가는 거미들을 눈으로 보고 채집망이

나 채집통으로 몰아 잡는 방법이다. 특히 늑대거미나 깡충거미처럼 재빠른 거미는 플라스틱 병을 잘라 사용하면 쉽게 채집할 수 있다.

쓸어 잡기
채집망을 좌우로 휘저어 풀 속에 숨어 있는 거미류를 채집하는 방법이다. 나비나 잠자리 등을 채집할 때 쓰는 망사형 채집망은 가벼워서 나뭇잎이나 풀잎에 숨어 있는 거미를 쓸어 잡을 때 유용하다. 광목으로 만든 채집망은 낮은 풀밭에 숨어 있는 거미류를 채집할 때 사용하면 좋다.

털어 잡기
나뭇잎이나 풀, 꽃 아래에 채집망을 놓고 식물을 털어서 거미가 떨어지게 하는 방법이다. 밝은 색 우산을 거꾸로 놓고 털어 잡아도 좋다.

체로 걸러 잡기
낙엽 속에 숨어 있는 지표성 거미를 채집할 때 쓰는 방법으로, 낙엽을 체

에 담고 쳐서 아래로 떨어지는 거미를 채집한다.

함정 채집
땅 위를 돌아다니는 거미를 채집하는 방법 가운데 하나다. 해 지기 전에
용기를 표면보다 낮게 땅에 묻고, 그 속에 에틸알코올(70~80%)을 탄 증
류수를 3분의 2 정도 채운 뒤 다음날 아침에 보면 거미가 들어 있다.

흡충 채집
땅 위를 돌아다니는 거미나 나뭇잎 속에 숨어 있는 거미를 채집할 때 이
용하는 방법으로, 진공청소기를 쓰듯 동력 흡충기를 이용해 채집한다. 많
은 거미를 채집할 때 유용하다.

채집할 때 주의 사항

– 생명체를 다루는 일이므로 반드시 목적이 분명해야 한다. 흥미나 오락
  을 위한 채집은 삼간다.
– 단순한 교육 목적이라면 현장에서 관찰하고 놓아 주는 것이 바람직하
  다. 훼손한 환경도 원래대로 되돌려 놓는다.
– 학문적 목적으로 채집해 표본을 만들 때는 살아 있는 거미의 형태와 생
  태를 충분히 조사하고 나서 실시한다.
– 액침 표본이나 전시용 표본을 만들 때는 반드시 라벨을 작성한다.
– 거미줄을 관찰할 때는 눈으로 확인하며, 거미그물이 망가지지 않도록

주의한다.
- 같은 장소에서 같은 종을 많이 채집하면 그 환경 내에서 생태계 균형을
  깨뜨릴 수 있으므로, 필요한 양만 채집한다.

표본(액침) 만들기

거미는 곤충과 달리 피부(체벽)가 딱딱하지 않다. 그래서 건조 표본을 만
들 경우 타란툴라 같은 몇몇 종을 제외하고는 대부분 쪼그라들어 형태를
유지하기 힘들다. 따라서 거미 표본을 만들 때는 에틸알코올을 이용한다.
거미 표본은 목적에 따라 연구용이나 전시용으로 제작하기도 한다.

연구용 액침 표본

우리나라에 사는 거미는 6×2.5cm(높이×지름) 유리병을 이용하면 대부
분 표본을 만들 수 있다. 에틸알코올(70~80%)을 유리병에 5분의 4 이상
붓고 채집한 거미를 넣은 다음 라벨을 적어 넣는다.

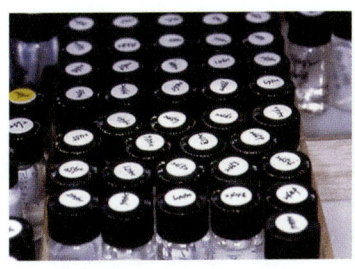

액침 표본 제작법

전시용 표본은 유리병에 솜을 넣어 거미의 다리를 펴서 보기 좋게 만든다. 전시용 표본을 만드는 방법은 다음과 같다.

1. 유리병에 높이 4.5cm 정도로 솜을 넣는다.
2. 핀셋을 이용해 라벨을 넣는다. 이 때 라벨이 밖에서 보이도록 솜을 넣은 반대편에 넣는다.
3. 채집해 둔 거미를 손바닥에 놓은 뒤, 핀셋으로 오른쪽 다리 4개를 잡고 유리병에 조심스레 넣는다.
4. 유리병 속에서 다리 8개를 조심스레 펴되, 뒤쪽 다리 2쌍은 아래쪽으로, 앞쪽 다리 2쌍은 위쪽으로 향하게 한다.

액침 표본 준비물.

솜 크기 측정.

솜 넣기.

라벨 넣기.

공간 만들기.

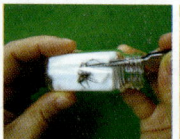
거미 다리 펴기.

거미 자세 잡기.

에틸알코올 채우기.

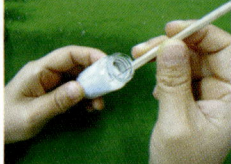
공기 빼기.

종이 라벨 붙이기.

5. 에틸알코올(70~80%)을 라벨 쪽으로 기울여 주입한다. 이 때 거미가 움직이지 않게 조심한다.

6. 바늘을 이용해 다리를 다시 곧게 펴고, 지그시 눌러 솜에 채워진 기포를 뺀다.

7. 에틸알코올은 되도록 가득 채우고 마개를 닫는다. 에틸알코올이 증발하는 것을 막기 위해 테이프를 붙여도 좋다.

8. 완성된 병 아래에 거미의 종명을 써 붙인다.

라벨 작성법

일반 A4 용지에 연필로 직접 쓰거나 프린터로 인쇄해 사용한다. 라벨에는 국명(혹은 영명)과 학명(혹은 종명), 성별, 개체 수, 채집일, 채집 지역, 채집자, 특징 등을 기입한다.

  예) 2006년 8월 16일, 경기도 여주군 흥천면 율극리 인가의 창고와 대문 등에서 차일그물을 확인하고, 밤에 노래기나 작은 곤충을 잡는 것을 관찰한 뒤, 대륙납거미 암컷 세 마리, 수컷 두 마리, 유체 네 마리를 채집한 경우 다음과 같이 표기할 수 있다.

대륙납거미(*Uroctea lesserti*) ♀3, ♂2, j4
16-08-2006, 경기도 여주군 흥천면 율극리 인가
채집자 : 이영보
특징 : 대륙납거미는 농촌의 인가 내 창고, 대문 등에 차일 모양의 거미그물을 치고 서식. 먹이는 노래기와 작은 곤충. 주로 밤에만 활동.

거미 표본 관찰

채집한 거미가 어떤 종인지 관찰하려면 쌍안실체현미경이 필요하지만 가격이 비싸다. 현미경이 없으면 확대경(10~20배)이나 루페(10~25배)를 이용해도 되나 정확한 동정을 하기는 어렵다. 조명 장치는 쌍안실체현미경 전용 장치를 이용하면 좋고, 형광등이나 백열등을 이용해도 된다. 그 외에도 거미를 놓고 관찰하는 특수 제작용 홀 글라스, 거미를 잡는 데 사용할 핀셋과 비교할 도감이 필요하다.

거미 표본은 곤충과 달리 에틸알코올에 담긴 상태가 관찰하기 쉬우므로 액침 상태에서 관찰한다. 이 때 거미가 이리저리 움직이기 때문에 솜이나 특수 유리 가루를 바닥에 깔고 표본이 움직이지 않게 해서 관찰하기도 한다. 표본을 관찰할 때는 눈의 수와 배열, 눈 사이의 거리, 머리가슴의 형태, 위턱의 돌기나 두덩니 수, 발톱 수, 다리 길이 등을 본다. 특히 외부 생식기는 종을 분류할 때 가장 중요한 부위이므로 꼭 살펴본다.

초보자를 위한 거미 사진 촬영법

거미는 대부분 움직임이 빠르고 은신처를 찾아 숨어 버리므로 사진 찍기가 어렵다. 따라서 좋은 거미 사진을 찍기 위해서는 인내심과 거미에 대한 애정이 필요하다. 갑자기 거미에게 다가서거나 위협을 주면 자연스러운 장면을 촬영할 수 없다. 거미의 생활을 방해하지 않고 기다릴 줄 알아야 좋은 사진을 찍을 수 있다.

접사 렌즈와 링 플래시

카메라는 필름 카메라나 디지털 카메라 어느 것이든 상관없다. 하지만 크기가 작고, 위협을 느끼면 나뭇잎 뒤나 바위 밑 등 어두운 곳에 숨는 거미의 생태를 촬영하기 위해서는 반드시 접사 렌즈와 링 플래시가 필요하다. 접사 렌즈는 60mm와 105mm가 좋다.

심도 높이기

촬영 후 사진을 보면 가장 아쉬운 점이 심도가 낮다는 것이다. 자연광(햇빛)을 이용해 촬영한 경우 더욱 그렇다. 거미의 전체 모습을 알아볼 수 있도록 촬영하기 위해서는 플래시를 사용하거나, 밝은 곳에서 촬영하는 것이 좋다. 심도란 피사체를 중심으로 해서 그 앞과 뒤로 얼마나 선명한지 나타내는 것이기 때문에 거미와 카메라가 평행을 이루도록 촬영하면 심도 걱정을 덜해도 된다.

광량 조절하기

초보자는 움직이는 거미를 발견하거나 촬영하는 것이 쉽지 않다. 따라서 거미줄을 치는 정주성 거미를 촬영해 보고, 그 다음에 배회성 거미 촬영을 시도한다. 요즘 카메라들은 노출계가 내장되어 어느 정도 표준 값을 설정해 주지만, 주변(특히 배경)에 따라 노출 값이 크게 변하는 경우가 많으므로 중요한 사진일수록 조리개나 셔터 값을 보정해 가며 여러 장을 촬영한다.

초점 맞추기

목적에 따라 초점이 달라지지만 크게 두 가지 경우로 나눌 수 있다. 첫째, 거미의 생생한 모습을 살아 있는 듯한 느낌 그대로 표현하고 싶다면 거미의 눈에 초점을 맞춘다. 눈에 초점이 맞지 않은 사진은 동물 특유의 살아 있는 느낌이 부족하다. 둘째, 사진을 도감이나 학습 교재로 이용하고자 할 때는 종의 형태적 특성을 쉽게 알 수 있는 부분을 우선 촬영하는 것이 좋다. 꼬리거미는 꼬리가 유난히 길기 때문에 꼬리 부분에 초점을 맞춘다.

다양한 각도

사진 한 장으로 거미의 형태나 생태의 전반적인 모습을 잡기는 힘들다. 그러므로 초보자는 어느 한 부분이나 한 장으로 좋은 사진을 얻으려고 집착하지 말고, 다양한 각도에서 촬영해 본다. 눈을 찍을 때도 정면과 양옆, 위에서 촬영하는 것이 좋다.

지형 · 지물 이용

야외 채집과 촬영을 동시에 하는 경우 짐이 많아 삼각대까지 휴대하기 어렵다. 그러나 거미는 순간 동작이 빠르기 때문에 가능하면 삼각대를 사용하는 것이 좋다. 삼각대가 없으면 소지품이나 주변의 돌, 나무 등을 카메라 밑에 받치고 촬영해 흔들리지 않는 사진을 얻는다.

순간 포착

거미의 짝짓기, 산란, 부화, 사냥 등의 장면을 촬영하기란 그리 쉬운 일이 아니다. 각 종의 정확한 생태를 모르면 더욱 어렵다. 그러나 자주 야외에 나가거나 장기간 관찰할 경우 이런 장면을 볼 때가 있다. 이 경우 다른 상황이 벌어질 때마다 셔터를 누르는 것이 좋다. 뭔가 색다른 장면이라면 셔터 누르기를 망설이지 말자.

전문가의 사진 감상

사진을 전문적으로 배우려면 많은 시간과 돈이 필요하다. 제대로 배우는 것도 좋지만 여건이 안 된다면 전문가가 찍은 사진을 많이 접하는 것도 방법이다. 전문가의 사진을 통해서 구도, 촬영 포인트, 노출, 심도 등의 데이터를 알 수 있기 때문이다.

호흡 조절

초보자들은 카메라에 내장된 여러 가지 촬영 모드(이중 프로그램, 셔터 우선, 조리개 우선, 수동 촬영, 프로그램 방식 등) 가운데 하나를 택해 촬영한다. 현장에서는 빛의 양에 따라 조리개나 셔터 속도가 달라질 수 있고, 거미의 움직임이나 촬영자의 호흡 때문에 떨림 현상이 있을 수 있다. 따라서 가능한 한 수동 모드(M)에서 빠른 셔터 속도를 확보하고, 들이마신 숨을 서서히 내뱉으며 호흡량이 3분의 1 정도 남은 상태에서 촬영하는 것이 좋다.

꼭 알아야 할 우리 거미

□ 위협을 느껴 움츠린 암컷.(위)
□ 높은 산지에 산다.(아래)

부석왕거미 *Araneus ishisawai*

높은 산지에서 볼 수 있다. 등산로 주변 목책이나 나뭇가지 등에 살며, 세로로 긴 원형 그물을 만든다. 낮에는 주로 거미줄 끝의 나뭇잎이나 목책 등에 숨어 있다가 거미그물에 먹이가 걸리면 재빨리 나와 먹이를 잡아먹는다.

왕거미과

사는 곳 높은 산지
크기 암 18~20mm,
　　　수 10~12mm
나타나는 때 7~9월
생활형 정주성

❏ 바위에서 쉬는 암컷.(위)
❏ 낮은 산지의 풀밭에 산다.(아래)

왕거미과

사는 곳 낮은 산지
크기 암 9~11mm,
　　　수 5~6mm
나타나는 때 7~10월
생활형 정주성

선녀왕거미 *Araneus pentagrammicus*

산지의 활엽수에 원형 그물을 치고 산다. 육지뿐 아
니라 전라북도 부안 위도에서도 채집된 적 있다. 생
태가 거의 밝혀지지 않았다.

□ 거미줄을 치는 암컷.

산왕거미 *Araneus ventricosus*

도심지의 공원이나 호수, 정자, 농가 주변에서 흔히 볼 수 있다. 세로로 긴 원형 그물을 만든다. 낮엔 처마 밑이나 나뭇잎 등에 숨어 있다가 먹이가 걸리면 재빨리 나와 먹이를 거미줄로 묶어 잡아먹는다. 등 양쪽에 돌기가 두 개 있다. 거미줄이 질겨 가끔 작은 새들도 걸린다.

왕거미과

사는 곳 공원, 호수,
　　　　　정자, 농가
크기 암 20~30mm,
　　　수 15~20mm
나타나는 때 6~10월
생활형 정주성

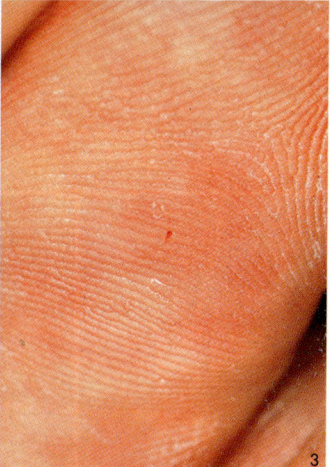

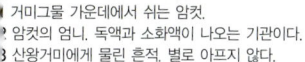

1 거미그물 가운데에서 쉬는 암컷.
2 암컷의 엄니. 독액과 소화액이 나오는 기관이다.
3 산왕거미에게 물린 흔적. 별로 아프지 않다.

1 원형 그물을
만드는 암컷.
2 거미줄(암컷).
3 암컷이
잠자리를
잡았다.
4 거미그물.

□ 위협을 느껴 움츠린 암컷.(위)
□ 나뭇가지를 기어가는 수컷.(아래)

왕거미과

사는 곳 높은 산지
크기 암 10~13mm,
　　　수 9~10mm
나타나는 때 7~10월
생활형 정주성

뿔왕거미 *Araneus stella*

높은 산지에 살며, 나뭇가지 사이에 원형 그물을 만든다. 암컷의 몸은 둥그스름한 삼각형이고, 등은 옅은 갈색이며, 흰 점이 세로로 두 개 있다. 채집하기 어렵다.

□ 누운 *T*자 모양의 흰띠가 보인다(암컷).

호랑거미 *Argiope amoena*

나뭇가지에 세로로 긴 그물을 친다. 암컷은 거미그물 가운데에서 머무르다가 먹잇감이 걸리면 재빨리 이동해 싸개띠로 둘둘 만다. 사는 곳 주변에 알을 1,000~1,500개 낳으며, 알주머니는 넓적한 다각형으로 짙은 녹색을 띠다가 점점 옅어진다.

왕거미과	
사는 곳	창고, 냇가, 호수, 논 주변
크기	암 20~25mm, 수 5~8mm
나타나는 때	6~9월
생활형	정주성

1 암컷 주변에 같이 사는 수컷. 2 먹잇감을 감싸는 암컷. 3 주요 사냥터인 가로줄. 4 개울가 주변에 산다(암수).

□ 원형 그물에 있는 암컷.

긴호랑거미 *Argiope bruennichi*

논둑과 인근 낮은 산을 경계로 한 도랑, 냇가나 호수 주변의 나뭇가지와 식물의 풀 사이에 세로로 원형 그물을 치고 산다. 암컷의 배는 호랑거미처럼 둥근 오각형 방패 모양이나, 좀더 길다. 머리가슴은 은백색이며, 배는 노란색에 검은 띠가 열두 개 정도 있어 호랑 무늬를 연상케 한다.

왕거미과

사는 곳 냇가, 호수, 논 주변
크기 암 20~25mm, 수 8~12mm
나타나는 때 8~10월
생활형 정주성

1 거미그물에 있는 수컷. 2 유체(암컷). 3 원형 그물(암컷).

암컷이 거미그물 가운데에 머무를 때는 머리를 땅 쪽으로 향하고, 앞쪽 다리 두 쌍은 아래쪽으로, 뒤쪽 다리 두 쌍은 위쪽으로 나란히 펼친다. 이 때 배의 검은 띠 중에 세 번째 것이 M자 모양으로 보인다. 거미그물 가운데에는 호랑거미와 달리 I자 모양 흰띠를 만든다. 유체는 성체 암컷과 달리 거미그물 중심부에 소용돌이 모양 흰띠를 만들며, 위협을 느끼면 다리를 위로 세우고 곧추서서 몸을 위아래로 흔든다. 성체 암컷은 위협을 느낄 때 유체와 같은 행동을 하거나, 거미줄을 타고 도망친다.

1 비에 젖은 거미그물(암컷). 2 양봉 꿀벌을 잡는 암컷.
3 메뚜기류를 잡는 암컷. 4 위협을 느끼자 도망치는 수컷.

□ 원형 그물에 있는 암컷. 거미그물 가운데에 X자, I자 모양 흰띠를 만들거나, 거미그물 중앙이 뚫린 형태 외에도 다양한 거미그물을 만든다.(위)
□ 옆에서 본 암컷. 자극에 매우 민감하게 반응해 재빨리 도망친다. 알은 9월 하순에서 10월 초순에 낳고, 흰색에 가까운 다각형 알주머니를 만든다.(아래)

왕거미과	
사는 곳	낮은 산, 절, 계곡
크기	암 8~12mm, 수 4~6mm
나타나는 때	7~10월
생활형	정주성

꼬마호랑거미 *Argiope minuta*

나뭇가지나 풀 사이에 세로로 원형 그물을 친다. 암수 모두 호랑거미나 긴호랑거미보다 훨씬 작다. 배는 작은 오각형이며, 머리가슴은 은백색을 띠고, 배 앞쪽에는 가로로 검고 가는 띠가 한 개, 굵은 띠가 두 개 있다. 굵은 띠에는 붉은 무늬가 있다. 수컷은 암컷보다 훨씬 작고, 옅은 갈색을 띤다.

□ 나뭇잎 위에 숨은 암컷.(위)
□ 죽은 척하는 암컷.(아래)

머리왕거미 *Chorizopes nipponicus*

낮은 산의 나뭇가지나 풀 등에 작은 원형 그물을 치
고 산다. 머리가슴은 검고 원형에 가까우며, 다른
종에 비해 머리 부분이 솟아 있는 것처럼 보인다.
등 뒤쪽에는 돌기가 네 개 있고, 가운데에 흰 점이
여러 개 있다. 위협을 느끼면 죽은 척하다가 시간이
지나면 다시 움직인다.

왕거미과

사는 곳 낮은 산,
　　　　　계곡 주변
크기 암 3~5mm,
　　　수 2~3mm
나타나는 때 6~10월
생활형 정주성

□ 거미그물에서 먹이를 먹는 암컷.(위)
□ 낙엽 밑에 숨은 수컷.(아래)

왕거미과

사는 곳 낮은 산,
　　　　　산길 주변
크기 암 7~12mm,
　　　수 4~6mm
나타나는 때 6~9월
생활형 정주성

울도먼지거미 *Cyclosa atrata*

인가 주변 낮은 산 근처의 나뭇가지나 풀 사이, 죽은 나뭇가지 등에 세로로 원형 그물을 치고 산다. 거미그물 가운데에 누워 있는 경우가 많다. 배는 길쭉하며, 뒤쪽에 좌우로 돌기 한 쌍이 있다. 간혹 다른 종류의 거미를 잡아먹는다.

□ 나뭇가지에 있는 어린 암컷.(위)
□ 위장그물에 있는 어린 암컷.(아래)

셋혹먼지거미 *Cyclosa monticola*

숲 속 등에 세로로 원형 그물을 치고 산다. 배 끝에
돌기가 세 개 있다. 거미그물 가운데 자신이 머무르
는 곳에 I자 모양의 그물을 만들어 몸을 위장한다.
위장그물은 먹이를 먹고 난 찌꺼기, 사용했던 거미
줄, 기타 이물질 등으로 만든다.

왕거미과

사는 곳 산
크기 암 8∼10mm,
　　수 6∼7mm
나타나는 때 4∼9월
생활형 정주성

46

□ 소나무에 살 곳을 만들고 숨은
　암컷.(위)
□ 나뭇가지에 있는 수컷.(왼쪽)
□ 이물질로 위장한 암컷.(오른쪽)

왕거미과

사는 곳 산
크기 암 11~15mm,
　　　수 7~8mm
나타나는 때 4~9월
생활형 정주성

여덟혹먼지거미 *Cyclosa octotuberculata*

비교적 눈에 잘 띄며, 사는 범위도 넓다. 소나무나
뽕나무 등의 가지에 세로로 원형 그물을 치고 산다.
배 끝에 돌기가 여덟 개 있으며, 셋혹먼지거미처럼
거미그물 가운데에 I자 모양의 위장그물을 만든다.

□ 콩잎 뒤에 살 곳을 만들고 숨은
　암컷.(위)
□ 알주머니 3개를 보호하는 암컷.(왼쪽)
□ 새똥이 새똥거미와 비슷하다.(오른쪽)

큰새똥거미 *Cyrtarachne inaequalis*

콩밭이나 낮은 산의 활엽수림에 산다. 배는 황금색
둥근 삼각형이며, 어깨에 둥근 점이 한 쌍 있다. 암
컷은 짙은 황갈색의 긴 방추형 알주머니를 1~4개
만들고, 알주머니를 지킨다. 낮에는 나뭇잎 뒤에 숨
어 지내고 밤에 주로 활동한다. 모양이 새똥을 닮아
붙은 이름이다.

왕거미과

사는 곳 인가, 낮은 산,
　　　　콩밭
크기 암 10~13mm,
　　　수 2~2.5mm
나타나는 때 4~10월
생활형 정주성

□ 다리가 잘린 채 나뭇잎에 움츠린 암컷.(위)
□ 거미그물에 먹이가 걸렸는지 알아보기 위해 거미줄을 당기는 암컷.(아래)

왕거미과
사는 곳 낮은 산
크기 암 7~9mm,
수 3~5mm
나타나는 때 5~8월
생활형 정주성

복왕갈거미 *Eriophora sachalinensis*

도시나 농촌과 가까운 낮은 산 주변에 살며, 세로로 원형 그물을 만든다. 거미그물은 흰띠가 있는 것도 있고 없는 것도 있으며, 사냥터인 가로줄은 점액성이 비교적 강하다. 알주머니는 나뭇잎에 만들며, 알을 낳은 뒤 알 위쪽에 풍성하게 그물을 쳐서 보호한다. 북왕거미라고도 불린다(남궁준, 2001).

ㅁ 아카시아나무 가시처럼 무장한 암컷.(위)
ㅁ 짝짓기(아래)

가시거미 *Gasteracantha kuhli*

사람들의 왕래가 드문 낮은 산 나뭇가지 사이에 세로
로 원형 그물을 친다. 암컷은 배가 딱딱하고 가시 모
양 돌기가 여섯 개 있으며, 수컷은 돌기가 두 개다.
이 돌기로 천적에게서 몸을 보호한다. 암컷은 바깥쪽
이 굵은 점선 모양 거미그물을 친다. 중부 지방에서
는 7월 중·하순에 짝짓기 하는 것을 볼 수 있다.

왕거미과

사는 곳 낮은 산 주변
크기 암 6~8mm,
　　　　　수 3~4mm
나타나는 때 6~10월
생활형 정주성

□ 식물 위를 기어가는 암컷.(위)
□ 걸려 든 먹이에게 접근하는
　암컷.(왼쪽)
□ 세로로 친 원형 그물.(오른쪽)

왕거미과

사는 곳 호수, 염습지,
　　　논, 습지 공원
크기 암 6~9mm,
　　　수 5~7mm
나타나는 때 6~10월
생활형 정주성

각시어리왕거미 *Neoscona adianta*

논과 논둑 주변, 호수나 습지에 많이 산다. 세로로
원형 그물을 만드는 게 보통이지만, 가로로 만드는
경우도 있다.

ㅁ 나뭇가지를 타고 기어가는 암컷.

기생왕거미 *Larinioides cornutus*

호수, 논, 습지 공원, 염습지, 농가와 인근 낮은 산
등에 고루 산다. 세로로 비스듬하게 원형 그물을 친
다. 벼과 식물의 잎을 말아 은신처를 만들고 알을
낳는다. 낮에는 주로 은신처에 머물며, 짝짓기 때는
암수가 함께 머물기도 한다.

왕거미과

사는 곳 인가, 낮은 산,
습지 등
크기 암 10~12mm,
수 7~9mm
나타나는 때 5~10월
생활형 정주성

1 은신처에서 밖으로 나오는 수컷. 2 기생왕거미의 은신처이자 서식처. 3 이슬에 젖은 기생왕거미.

어리집왕거미 *Neoscona pseudonautica*

계곡 주변의 나뭇가지에 세로로 원형 그물을 치고
산다. 주변 나뭇잎 뒤에 숨어 있거나, 거미그물 가
운데에 머무르기도 한다.

왕거미과

사는 곳 산 속 계곡
크기 암 6~10mm,
　　　 수 5~7mm
나타나는 때 7~9월
생활형 정주성

□ 잔뜩 움츠린 암컷.

왕거미과

사는 곳 낮은 산
크기 암 11~13mm,
　　　 수 7~10mm
나타나는 때 6~10월
생활형 정주성

적갈어리왕거미 *Neoscona punctigera*

수목원이나 낮은 산림의 나뭇가지, 풀 사이에 세로
로 원형 그물을 치고 산다. 낮에는 나뭇잎 뒤에 숨
어 있기도 한다. 아직까지 생태가 밝혀지지 않았다.

□ 나뭇잎에 있는 암컷.(위)
□ 몸의 무늬와 색이 다른 변이형 암컷.(왼쪽)
□ 거미줄을 치는 암컷.(오른쪽)

지이어리왕거미 *Neoscona scylla*

농가, 생태 공원, 낮은 산 주변의 나뭇가지나 식물 사이에 세로로 원형 그물을 치고 산다. 배는 긴 달걀 모양이다. 눈은 위에서 아래로 좁아지는 형태다. 배의 중앙부터 실젖이 있는 끝 쪽까지 눈썹 모양 무늬가 여러 개 있다. 암컷의 머리가슴과 다리는 적갈색이며 털이 많다.

왕거미과

사는 곳 낮은 산, 냇가 주변
크기 암 12~17mm, 수 8~10mm
나타나는 때 6~9월
생활형 정주성

□ 위협을 느껴 움츠린 암컷.(위)
□ 알주머니(아래)

왕거미과

사는 곳 숲 속
크기 암 5~7mm,
　　　수 4~5mm
나타나는 때 5~8월
생활형 정주성

삼각무늬왕거미 *Neoscona semiliunaris*

산지나 식물원 주변에서 세로로 원형 그물을 치고
산다. 암컷의 배는 둥근 마름모꼴이며, 가운데를 중
심으로 위쪽은 황갈색, 아래쪽은 담갈색을 띤다. 비
교적 높은 산지에 거미그물을 치고 살지만, 발견하
기가 쉽지 않다.

ㅁ 다리를 움츠린 암컷.

그늘왕거미 *Yaginumia sia*

시골의 인가나 창고, 방앗간, 다리 밑 등에 세로로
원형 그물을 치고 산다. 밤에 가로등이나 등불의 빛
을 보고 날아오는 곤충을 잡아먹는다.

왕거미과

사는 곳 인가, 다리
크기 암 10~13mm,
　　　수 8~9mm
나타나는 때 7~11월
생활형 정주성

□ 땅 위를 걷는 암컷.(위)
□ 암컷보다 배가 날씬한 수컷.(아래)

깡충거미과

사는 곳 산지, 길가 등
크기 암 7~9mm,
　　　　수 6~7mm
나타나는 때 4~9월
생활형 배회성

산길깡충거미 *Asianellus festivus*

낮은 산의 언덕, 길가나 풀밭 등의 돌이나 쓰러진 나무에서 쉽게 발견된다. 다리가 짧지만 굵고 강해서 잘 뛰어다닌다. 더듬이다리는 흰 털로 뒤덮여 있다. 수컷은 머리가슴이 검고 배가 짙은 갈색을 띠는 반면, 암컷은 회색 바탕에 복잡한 검은 줄이 있다.

▫ 정면에서 본 암컷. 먹이를 찾는다.(위)
▫ 뒤에서 본 암컷.(아래)

털보깡충거미 *Carrhotus xanthogramma*

산 속의 나무줄기나 나뭇잎 위를 돌아다니며 먹이를 찾는다. 암컷은 몸 전체에 털이 있으며, 특히 더듬이다리에는 흰 털이 많아 털보깡충거미라는 이름이 붙었다. 수컷은 머리가슴이 검고, 배는 중앙이 짙은 갈색이며 좌우로 흰색과 옅은 갈색 털이 있다.

깡충거미과

사는 곳 산지, 풀밭 등
크기 암 7~9mm,
　　　수 6~7mm
나타나는 때 4~8월
생활형 배회성

60

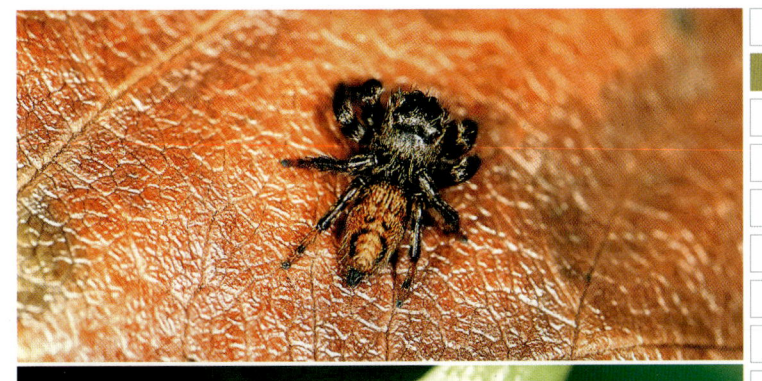

◻ 먹이를 찾아 움직이는 암컷.(위)
◻ 암컷을 찾아다니는 수컷.(아래)

깡충거미과

사는 곳 낮은 산, 인가,
　　　　풀밭, 계곡 등
크기 암 7~8mm,
　　　수 5~7mm
나타나는 때 5~9월
생활형 배회성

흰눈썹깡충거미 *Evarcha albaria*

인가, 낮은 산, 평지, 풀밭, 계곡 등의 햇빛이 잘 드는 활엽수 위, 바위, 담장, 벽 등에서 볼 수 있다. 암수 모두 머리가슴이 검다. 암컷은 눈 뒤에 U자 모양 옅은 갈색 털이 있고, 수컷은 머리 앞쪽에 흰 눈썹 같은 털이 있으며, 더듬이다리에도 흰 털이 있다.

□ 은신처에서 기어가는 암컷.(위)
□ 더듬이다리의 생김새가 독특한 수컷.(왼쪽)
□ 왕깡충거미가 주로 사는 노거수.(오른쪽)

왕깡충거미 *Marpissa milleri*

깡충거미과

농촌 지역의 인가, 절 등과 그 주변의 수령이 오래
된 나무에 산다. 나무줄기와 비슷한 보호색을 띠어
천적에게서 자신을 보호한다. 나무껍질 안에 거미
줄로 은신처를 만들어 겨울을 난다.

사는 곳 인가, 절,
　　　　　가로수
크기 암 10~12mm,
　　　수 8~10mm
나타나는 때 5~11월
생활형 배회성

□ 뜀뛰기 위해 잠시 멈춘 암컷.(위)
□ 어디론가 바삐 가는 수컷.(아래)

깡충거미과

사는 곳 낮은 산, 들
크기 암 6~7mm,
　　　 수 5~6mm
나타나는 때 5~8월
생활형 배회성

사층깡충거미 *Marpissa pulla*

낮은 산, 들의 풀숲이나 나뭇잎, 떨어진 솔잎 위를 돌아다니며 먹이를 찾는다. 배는 긴 타원형이며, 노란 가로줄이 네 개 있다. 이것이 4층처럼 보여 사층깡충거미라는 이름이 붙었다. 수컷은 머리가슴의 앞눈 부위에 머리띠 모양의 붉은 줄이 있다.

□ 암컷을 잡는 수컷.(위)
□ 은신처에 암수가 함께 있다.(왼쪽)
□ 갈대 잎을 말아 은신처를 만들었다.(오른쪽)

살깃깡충거미 *Mendoza elongata*

논, 습지, 바닷가, 풀밭 등에서 벼나 갈대 같은 벼과
식물의 잎을 말아 거미줄로 묶고 그 안에 산다. 짝
짓기 때가 되면 암수가 같이 머무르기도 한다. 사는
곳 주변을 오르내리며 먹이를 잡아먹는다.

깡충거미과

사는 곳 바닷가, 풀밭,
　　　　습지, 논
크기 암 8~11mm,
　　　수 7~9mm
나타나는 때 5~9월
생활형 배회성

□ 식물 위를 돌아다니는 암컷.(위)
□ 암컷을 찾는 수컷.(아래)

깡충거미과

사는 곳 바닷가, 풀밭,
습지, 논
크기 암 8~11mm,
수 7~9mm
나타나는 때 5~9월
생활형 배회성

어리수검은깡충거미 *Mendoza pulchra*

벼과 식물이 있는 논, 습지, 공원, 계곡 주변에서 벼
과 식물 잎을 말아 거미줄로 묶고 그 안에 산다. 잎
과 줄기를 오르내리며 먹이를 찾는다. 암수 모두 배
가 긴 타원형이지만 색깔이 다르다. 다리 네 쌍 중
첫째 다리가 가장 길고 단단하다.

❑ 자갈 위를 돌아다니는 암컷.

해안깡충거미 *Pseudicius himeshimensis*

바닷가의 바위, 방조제, 인공 수초, 구조물 등을 오르내리며 먹이를 잡아먹는다. 조금만 자세히 살펴보면 바닷가에서 비교적 쉽게 발견할 수 있다. 그러나 다리가 짧고 강해서 움직임이 빨라 잡기 어렵다.

깡충거미과

사는 곳 바닷가
크기 암 8~10mm,
　　　수 7~8mm
나타나는 때 5~9월
생활형 배회성

1 암컷을 찾아 모래 위를 기어가는 수컷. 2 · 3 바닷가의 바위나 인공 구조물에 산다.

□ 나무줄기를 오르는 암컷.(위)
□ 낙엽 위에서 잠시 쉬는 수컷.(아래)

산개미거미 *Myrmarachne formicaria*

낮은 산의 길가나 들의 풀 사이를 오가며 먹이를 잡아먹는다. 암컷은 나뭇잎 뒤에 은신처나 산실을 만들어 숨기도 하고, 그 안에 알을 낳아 보호한다. 눈 부위가 사각형이고, 배는 긴 타원형이다.

깡충거미과

사는 곳 낮은 산, 들,
　　　　　풀밭
크기 암 5~6mm,
　　　수 4~6mm
나타나는 때 5~8월
생활형 배회성

□ 나무줄기에서 빠르게 움직이는 암컷.(위)
□ 죽은 노거수에 많이 산다.(아래)

깡충거미과

사는 곳 낮은 산, 공원
크기 암 7~8mm,
　　　　수 5~6mm
나타나는 때 4~9월
생활형 배회성

불개미거미 *Myrmarachne japonica*

낮은 산이나 계곡 주변의 노거수, 고목의 껍질 속에 산다. 밤나무나 굴참나무, 상수리나무 등 활엽수를 오르내리고 나뭇잎 위를 배회하면서 먹이를 찾는다. 잎사귀에 거미줄로 은신처를 만들고 그 속에 알을 낳기도 한다.

□ 땅 위를 기어가는 암컷.(위)
□ 기어가다가 잠시 멈춰 배설한다.(아래)

엄니개미거미 *Myrmarachne kuwagata*

인가나 절, 낮은 산의 활엽수에 주로 살며, 땅 위를
기어다니기도 한다. 개미와 매우 비슷하나, 다리 개
수를 보면 쉽게 구별할 수 있다.

깡충거미과

사는 곳 낮은 산, 절,
　　　　　인가
크기 암 4~5mm,
　　　　수 3~4mm
나타나는 때 5~8월
생활형 배회성

□ 자갈이나 땅 위를 돌아다니는 암컷.(위)
□ 수컷(아래)

깡충거미과

사는 곳 낮은 산, 들,
논, 풀밭
크기 암 4.5~6mm,
수 3.5~5mm
나타나는 때 5~9월
생활형 배회성

눈깡충거미 *Phintella arenicolor*

낮은 산, 논 주변, 풀밭 등에서 발견된다. 머리가슴은 둥근 직사각형이며, 엷은 회갈색을 띤다. 눈구역 주변이 검고, 흰 털이 있다. 배는 긴 달걀형으로 노란색을 띠며, 갈색 무늬가 여러 개 있다.

□ 낙엽 위를 돌아다니는 수컷.(위)
□ 배설물(아래)

암흰깡충거미 *Phintella versicolor*

인가의 울타리나 활엽수 잎을 오르내리며 먹이를
잡아먹는다. 낙엽이나 고목 껍질 속에 은신처를 마
련하고 겨울을 난다. 암컷의 몸은 갈색 바탕에 검은
무늬가 많다. 수컷은 배가 길고 가운데에는 흑갈색
무늬가, 그 양쪽으로 노란 무늬가 세로로 있다.

깡충거미과

사는 곳 인가, 풀밭, 절
크기 암 6~7mm,
　　수 5~6mm
나타나는 때 5~9월
생활형 배회성

72

□ 바위와 땅 위를 돌아다니는 수컷.(위)
□ 수컷(아래)

깡충거미과

사는 곳 풀밭, 산림
크기 암 ?~?mm,
　　　수 8~9mm
나타나는 때 5~8월
생활형 배회성

큰줄무늬깡충거미 *Plexippoides annulipedis*

산림의 활엽수 나뭇가지나 잎 위를 돌아다니며 먹이를 잡고, 바위나 땅 위를 기는 것도 볼 수 있다. 수컷은 더듬이다리부터 머리가슴, 배까지 희고 긴 털이 있다. 채집하기 어려운 편이다.

◻ 낙엽에서 먹이를 찾는 암컷.

되니스깡충거미 *Plexippoides doenitzi*

주로 낮은 산의 작은 나무나 풀잎 위, 풀밭 등을 돌아다닌다. 암컷의 머리가슴은 둥글며, 눈구역이 검고 위로 솟아 있다. 배는 긴 달걀형으로 황갈색이며, 가운데에 노란 톱니 모양이 세로로 늘어져 있다. 풀잎에 산실을 만들어 알을 낳는다.

깡충거미과

사는 곳 산림, 풀밭
크기 암 8~9mm,
        수 6~7mm
나타나는 때 4~10월
생활형 배회성

74

깡충거미과

사는 곳 산림, 풀밭
크기 암 7~9mm,
　　　 수 6~7mm
나타나는 때 6~9월
생활형 배회성

왕어리두줄깡충거미 *Plexippoides regius*

농촌 인가 주변과 농경지의 나뭇가지나 잎 위를 빠르게 돌아다닌다. 높은 곳에서 떨어지거나 이동할 때는 거미줄 한 가닥을 이용하기도 한다.

■ 은신처에서 나와 돌아다니는 수컷.(위)
■ 나무껍질 안의 은신처에 있는 수컷.(아래)

여우깡충거미 *Pseudicius vulpes*

노거수, 고사목의 들뜬 나무껍질 속에 거미줄로 은
신처를 만들고 겨울을 난다. 나무줄기나 가지, 잎
등을 오르내리며 먹이를 잡아먹는다. 번개깡충거미
라고도 한다(남궁준, 2001 ; 김주필, 2002).

깡충거미과

사는 곳 낮은 산,
　　　　　인가 등
크기 암 5~6mm,
　　　수 4~5mm
나타나는 때 4~10월
생활형 배회성

□ 점프를 하려고 기회를 보는 수컷.

깡충거미과

사는 곳 인가,
　　　　　농경지 주변
크기 암 ?~?mm,
　　　수 5~6mm
나타나는 때 6~9월
생활형 배회성

흰띠까치깡충거미 *Rhene albigera*

농촌의 인가 주변 목책이나 농경지의 담장 등에서 돌아다닌다. 발견하기 쉽지 않으며, 아직까지 자세한 생태가 밝혀지지 않았다.

77

■ 나무줄기를 오르는 암컷.

까치깡충거미 *Rhene atrata*

깡충거미과

산림의 키 작은 나무나 풀밭의 식물을 오르내리며 먹이를 잡아먹는다. 암컷의 머리가슴은 둥근 사각형으로 회백색, 짙은 갈색, 검은색 등의 털이 섞여 있으며, 배는 달걀형이다.

사는 곳 낮은 산, 풀밭
크기 암 6~7.5mm,
　　　수 6~7mm
나타나는 때 6~9월
생활형 배회성

□ 분주하게 움직이는 암컷.(위)
□ 암컷을 찾아 헤매는 수컷.(아래)

깡충거미과

사는 곳 낮은 산,
학교, 풀밭
크기 암 5~7mm,
수 5~6mm
나타나는 때 6~9월
생활형 배회성

청띠깡충거미 *Siler cupreus*

외딴 인가나 학교, 산과 가까운 절벽 주변, 도랑의 벽면, 낙엽이 쌓인 곳 등을 이리저리 돌아다니며 먹이를 잡아먹는다. 암수 모두 머리가슴에 청록색 털이 있으며, 수컷은 배에 있는 청록색 털이 가로로 띠를 이뤄 청띠깡충거미라고 부른다. 움직임이 매우 빠르다.

□ 나무껍질에 잠시 머무른 암컷.

어리개미거미 *Synagelides agoriformis*

낮은 산이나 절 주변의 낙엽 층과 땅 위에 살며, 들
뜬 나무껍질에서도 관찰된다. 암수 모두 개미를 닮
았다.

깡충거미과

사는 곳 낙엽 층,
　　　　　나무껍질
크기 암 5~6mm,
　　　수 4~5mm
나타나는 때 5~10월
생활형 배회성

□ 꽃 속에서 먹이를 기다리는 암컷.(위)
□ 주변을 살피는 수컷.(왼쪽)
□ 암컷(오른쪽)

깡충거미과

사는 곳 논, 인가,
　　　　　　정원수 등
크기 암 9~10.5mm,
　　　　수 8~10mm
나타나는 때 4~10월
생활형 배회성

검은날개무늬깡충거미 *Telamonia vlijmi*

농경지나 정원 등에 살며, 꽃을 찾아오는 파리나 곤
충을 잡아먹는다. 시력이 좋고 뜀뛰기를 잘한다. 암
컷은 몸 전체가 황갈색이며, 머리가슴의 눈구역이
검다. 암수 모두 배는 긴 달걀형으로, 황갈색 세로
줄 무늬가 두 개 있다.

□ 소나무 껍질에서 잔뜩 움츠린 암컷.(위)
□ 소나무 껍질에 숨은 수컷.(아래)

나무껍질게거미 *Bassaniana decorata*

정원수, 가로수 등의 나무줄기를 오르내리며, 나무
껍질 속에 산다. 몸은 누런 갈색과 짙은 갈색이 뒤
섞여 나무 색깔과 비슷하며, 특히 소나무 껍질에 숨
어 있으면 발견하기 어렵다.

게거미과	
사는 곳	인가, 정원수 등
크기	암 6~7mm, 수 5~6mm
나타나는 때	5~10월
생활형	배회성

□ 경계하는 수컷.

게거미과

사는 곳 정원수, 왕릉
크기 암 4~5.5mm,
　　　 수 3~4.5mm
나타나는 때 5~9월
생활형 배회성

꼬마게거미 *Coriarachne fulvipes*

왕릉이나 절, 인가 주변의 오래된 나무껍질, 가지, 잎 등을 돌아다니며 먹이를 잡아먹는다. 나무껍질 속에서 겨울을 난다. 게처럼 앞쪽의 다리 두 쌍이 튼튼하다. 10월 이후에도 소나무 같은 나무의 껍질을 벗겨 보면 관찰할 수 있다.

❑ 기어가다가 잠시 쉬는 암컷.

남궁게거미 *Lysiteles coronatus*

높은 산림 지역의 활엽수나 풀밭에서 볼 수 있다.
암컷의 배는 원형에 가깝다. 아직까지 짝짓기 때나
알 낳는 개수 등 생태가 밝혀지지 않았다. 황갈풀게
거미라고도 한다(남궁준, 2001).

게거미과

사는 곳 산림
크기 암 3.5~4mm,
　　　　수 2.8~3.5mm
나타나는 때 5~10월
생활형 배회성

□ 나뭇잎 위에 앉은 암컷.(위)
□ 수컷이 진달래꽃에서 먹이를 기다린다.(왼쪽)
□ 파리를 잡은 암컷.(오른쪽)

게거미과	
사는 곳	낮은 산, 정원, 풀밭
크기	암 3.5~4.5mm, 수 2.5~3.5mm
나타나는 때	5~9월
생활형	배회성

곰보꽃게거미 *Mecaphesa kumadai*

농촌 인가 주변이나 낮은 산, 절 근처, 정원수 혹은 풀밭에 산다. 꽃 속에 숨어 있다가 꽃을 찾아오는 벌이나 파리를 잡아먹는다. 암컷의 배는 통통하고 둥글며, 수컷은 날씬한 방패 모양이다.

□ 해당화에서 먹이를 기다리는 암컷.

꽃게거미 *Misumenops tricuspidatus*

게거미과

논, 논둑, 논 주변의 낮은 산, 인가, 풀밭 등 사는 곳이 비교적 넓다. 꽃이 많이 피는 곳에 살아 꽃게거미라 불리며, 꽃 속이나 밑에 숨어 있다가 꽃에 오는 곤충을 잡아먹는다. 배의 등 쪽에 사람 얼굴이나 하회탈을 떠올리게 하는 무늬가 있다.

사는 곳 낮은 산, 정원,
　　　풀밭, 논 등
크기 암 6~8mm,
　　수 3~5mm
나타나는 때 4~10월
생활형 배회성

1 꽃술 사이를 기어가는 수컷. 2 파리를 잡은 암컷. 3 암컷이 수컷을 잡았다.

□ 알을 보호하는 암컷.(위)
□ 땅 위를 기어가는 수컷.(아래)

중국연두게거미 *Oxytate parallela*

활엽수림에 주로 산다. 밤나무, 상수리나무 등의 나뭇잎과 나뭇가지를 오르내리며 먹이를 잡는다. 암컷이 나뭇잎을 말아 산실을 만들고 알을 낳아 보호한다. 다리는 암수 모두 첫째와 둘째 다리가 길고, 녹색을 띠며, 회색이나 갈색의 긴 가시털이 있다.

게거미과	
사는 곳	낮은 산, 정원, 풀밭, 논 등
크기	암 8~10.5mm, 수 7.5~7.9mm
나타나는 때	4~9월
생활형	배회성

□ 나뭇잎 위에 있는 암컷.(위)
□ 다리가 튼튼한 수컷.(왼쪽)
□ 파리를 잡는 암컷.(오른쪽)

게거미과

사는 곳 낮은 산, 정원,
　　　　 풀밭, 논, 논둑
크기 암 10~13mm,
　　　 수 8~10mm
나타나는 때 5~9월
생활형 배회성

줄연두게거미 *Oxytate striatipes*

인가나 논, 풀밭, 길가의 풀숲에 산다. 풀 위나 아래
에 머무르다가 파리 같은 곤충을 잡아먹는다. 다리
는 암수 모두 옅거나 짙은 녹색을 띠며, 첫째와 둘
째 다리가 길고 튼튼한 편이다. 수컷은 성체가 되면
더듬이다리와 첫째 다리의 일부가 갈색을 띤다.

□ 파리를 잡는 암컷.(위)
□ 움츠린 암컷의 모습이 새똥 같다.(아래)

사마귀게거미 *Phrynarachne katoi*

낮은 산이나 산림의 떡갈나무나 신갈나무처럼 잎이
비교적 넓은 나뭇잎에 산다. 움츠리고 있으면 새똥
처럼 보인다. 머리가슴과 배는 짙은 갈색이며, 배에
사마귀 같은 돌기가 여러 개 있다. 첫째와 둘째 다
리가 길고 튼튼하다. 채집하기 어려운 편이다.

<table>
<tr><td colspan="2">게거미과</td></tr>
<tr><td>**사는 곳**</td><td>낮은 산, 산림</td></tr>
<tr><td>**크기**</td><td>암 8~13mm,
수 2.5mm 내외</td></tr>
<tr><td>**나타나는 때**</td><td>5~9월</td></tr>
<tr><td>**생활형**</td><td>배회성</td></tr>
</table>

□ 몸을 움츠린 암컷.(위)
□ 잎에 있는 수컷.(왼쪽)
□ 등에를 잡은 암컷.(오른쪽)

게거미과

사는 곳 풀밭, 낮은 산,
　　　　논 주변 등
크기 암 8~11mm,
　　　수 4~6mm
나타나는 때 5~9월
생활형 배회성

오각게거미 *Pistius undulatus*

논, 풀밭, 낮은 산 주변의 개망초와 같은 식물의 잎과 줄기를 오르내린다. 꽃을 찾는 파리와 벌을 주로 잡아먹는다. 암수 모두 배 모양이 오각형이어서 오각게거미라는 이름이 붙었다.

불짜게거미 *Synema globosum*

식물원이나 수목원 주변, 낮은 산, 풀밭, 냇가의 꽃이 피는 식물에 산다. 꽃을 찾는 파리나 벌을 잡아 먹으며, 가끔 개미도 먹는다. 암컷의 배는 황갈색이나 적갈색을 띠며, 불(不)자 모양의 짙은 갈색 무늬가 있어 불짜게거미라는 이름이 붙었다.

게거미과

사는 곳 풀밭, 낮은 산
크기 암 5~8mm,
　　　수 4~5mm
나타나는 때 6~9월
생활형 배회성

□ 꽃에서 먹이를 기다리는 백색형 암컷.(위)
□ 황색형 수컷.(왼쪽)
□ 암컷을 찾아 기어가는 수컷.(오른쪽)

게거미과

사는 곳 풀밭, 낮은 산
크기 암 6~8mm,
　　　　수 2~3mm
나타나는 때 6~9월
생활형 배회성

살받이게거미 *Thomisus labefactus*

인가나 풀밭 등의 꽃이 피는 식물에 산다. 몸빛이 노란 것과 흰 것이 있다. 암컷은 눈구역이 T자 모양이다. 수컷은 암컷보다 빨리 성숙해 암컷의 배에 업혀 다니다가 암컷이 성숙하면 짝짓기를 한다. '살받이'란 과녁 주변 화살이 떨어지는 자리를 이르는 말이며, 학명 '*Thomi*'의 어원은 활시위를 뜻한다.

□ 위협을 느껴 잔뜩 움츠린 암컷.(위)
□ 수컷(왼쪽)
□ 개미를 잡은 수컷.(오른쪽)

참범게거미 *Tmarus piger*

낮은 산, 풀밭이나 수목원 등의 나무나 풀잎 위를 오르내리며 곤충을 잡아먹으며, 개미를 즐겨 먹는다. 위협을 느끼면 다리를 모두 뻗어 납작하게 엎드린다. 풀잎을 접어 그 속에 산실을 만들고 알을 낳는 것으로 알려져 있다.

게거미과	
사는 곳 낮은 산, 풀밭	
크기 암 4~7mm,	
수 3.5~5mm	
나타나는 때 4~9월	
생활형 배회성	

□ 기어가는 암컷.(위)
□ 잠시 머물러 있는 수컷.(왼쪽)
□ 양봉 꿀벌을 잡은 암컷.(오른쪽)

게거미과

사는 곳 낮은 산,
　　　　풀밭, 냇가
크기 암 6~13mm,
　　　수 5~7mm
나타나는 때 5~9월
생활형 배회성

대륙게거미 *Xysticus ephippiatus*

꽃게거미와 같이 낮은 산이나 논 주변의 풀밭, 냇가 주변 식물에 산다. 꽃이 피는 식물 근처에서 머무르며 꽃을 찾는 벌이나 파리 등을 잡아먹는다.

□ 기어가는 암컷.(위)
□ 흙과 모래로 만든 종 모양의
  거미그물.(왼쪽)
□ 바위 밑에 거미그물 여러 개가
  보인다.(오른쪽)

종꼬마거미 *Achaearanea angulithorax*

절이나 산길 주변, 밭 주변의 바위 밑에 주로 산다.
모래나 흙을 이용해 은신처를 만들며, 은신처가 종
을 닮아 종꼬마거미라는 이름이 붙었다. 은신처 근
처에는 불규칙한 그물이 쳐 있고, 여러 개체들이 이
웃해 산다.

꼬마거미과

사는 곳 도로, 밭,
　　　　벼랑, 절
크기 암 2~3mm,
　　　수 2~2.5mm
나타나는 때 4~8월
생활형 정주성

96

□ 은신처에서 알주머니를 보호하는 암컷.(위)
□ 깨어난 새끼들과 어미.(왼쪽)
□ 위협을 느끼자 새끼들이 아래로 흩어진다.(오른쪽)

꼬마거미과

사는 곳 인가나 냇가,
절 등
크기 암 4~5mm,
수 2~3mm
나타나는 때 6~10월
생활형 정주성

점박이꼬마거미 *Achaearanea japonica*

인가나 냇가, 절, 길가의 나뭇가지 사이에 불규칙한
거미그물을 친다. 거미줄 가운데에 나뭇잎을 이용
해 은신처를 만들고, 8월에 알을 50여 개 낳는다. 알
주머니는 옅은 갈색으로, 암컷 한 마리가 2~3개를
만든다. 알은 9월에 깨어나 낙엽 속 은신처에서 겨
울을 난다.

□ 왕침노린재류를 잡는 암컷.(위)
□ 나뭇가지를 기어가는 수컷.(아래)

왜종꼬마거미 *Achaearanea tabulata*

불규칙한 그물 가운데에 모래나 찌꺼기 등을 이용해 종 모양의 은신처를 만든다. 개미는 물론 자기보다 큰 노린재를 잡아먹기도 한다. 종꼬마거미보다 조금 더 크지만, 현미경으로 생식기를 관찰해야 구별할 수 있다. 큰종꼬마거미라고도 불린다(남궁준, 2001).

꼬마거미과

사는 곳 낮은 산, 도로, 절
크기 암 4~5mm, 수 3~4mm
나타나는 때 6~10월
생활형 정주성

■ 기어가는 암컷.(위)
■ 암컷의 먹이를 노리는 수컷.(아래)

꼬마거미과

사는 곳 지하실, 창고,
　　　　계단, 동굴 등
크기 암 6~8mm,
　　　수 4~6mm
나타나는 때 1년 내내
생활형 정주성

말꼬마거미 *Achaearanea tepidariorum*

도심의 건물, 지하실, 계단, 창고 등과 절이나 인가 주변, 동굴 등 넓은 범위에 걸쳐 살기 때문에 주변에서 쉽게 볼 수 있다. 불규칙한 거미그물을 치고, 벽면을 오르내리는 곤충과 거미를 잡아먹는다. 수컷은 암컷의 거미줄에서 식객 노릇을 하며, 암컷이 잡은 먹이를 가로채기도 한다.

□ 알주머니를 보호하는 암컷.(위)
□ 녹색형 수컷.(왼쪽)
□ 침엽수에 주로 산다.(오른쪽)

꼬리거미 *Ariamnes cylindrogaster*

소나무나 잣나무 등에 거미줄을 가로로 2~3가닥씩
친다. 몸은 갈색과 녹색을 띠는 것이 있다. 꼬리가 유
난히 길어 꼬리거미라는 이름이 붙었다. 다리를 앞뒤
로 쭉 뻗으면 침엽수의 잎처럼 보인다. 생김새나 색
깔이 주위의 물체와 비슷해 천적의 눈에 잘 띄지 않
는다. 알주머니는 황갈색이며 볼링 핀처럼 생겼다.

꼬마거미과

사는 곳 숲, 낮은 산
크기 암 25~30mm,
　　　수 15~20mm
나타나는 때 5~8월
생활형 정주성

100

□ 나뭇잎 뒤에 숨은 암컷.

꼬마거미과

사는 곳 산, 절
크기 암 2.5~3.5mm,
  수 1.5~2mm
나타나는 때 5~8월
생활형 정주성

삼각점연두꼬마거미 *Chrysso albipes*

산이나 절 주변의 활엽수림에 불규칙한 거미그물을
치고 산다. 몸은 황갈색인 것과 검은 것이 있으며,
배는 완만한 삼각형이다. 황갈색형은 어깨 부위와
배 끝 쪽에 검은 무늬가 있다. 암컷이 나뭇잎 뒤에
2mm 내외의 둥글고 흰 알주머니를 붙이고 지킨다.

□ 옅은 녹색을 띤 암컷.(위·왼쪽)
□ 나뭇잎 속에 숨은 수컷.(오른쪽)

별연두꼬마거미 *Chrysso foliata*

절이나 농촌 인가 주변의 낮은 산이나 계곡 주변의
활엽수에서 주로 볼 수 있다. 활엽수 잎 뒷면에 불
규칙한 거미그물을 만들고 산다. 몸빛의 변이가 많
다. 알주머니는 공처럼 둥글고 희다.

꼬마거미과

사는 곳 낮은 산, 절,
　　　　계곡
크기 암 5~6mm,
　　　수 3~4mm
나타나는 때 5~8월
생활형 정주성

□ 활엽수 뒷면에 숨은 암컷.(위)
□ 풀 사이를 기어간다.(아래)

꼬마거미과

사는 곳 낮은 산,
　　　　높은 고개
크기 암 3~5mm,
　　　수 ?~?mm
나타나는 때 6~9월
생활형 정주성

조령연두꼬마거미 *Chrysso lativentris*

활엽수가 많은 낮은 산과 고개 주변의 산림에 산다.
활엽수 뒤에 숨어 있어 육안으로 발견하기 어렵다.
포충망으로 쓸어 잡기보다는 털어 잡아야 잘 잡힌
다. 암컷의 등은 황갈색 바탕에 은색 무늬가 박혀
있는 듯하며, 돌기 세 개가 두드러진다.

□ 풀 사이를 오르내리는 암컷.

여덟점꼬마거미 *Coleosoma octomaculatum*

논, 논둑, 수풀 사이에서 불규칙한 거미그물을 치고 산다. 특히 논에서 벼포기를 오르내리며 작은 곤충을 잡아먹는다. 암컷은 등에 작은 점 8~10개가 좌우로 늘어서 있으며, 흰 알주머니를 배 끝에 붙이고 다니면서 알을 보호한다.

꼬마거미과
사는 곳 논, 논둑, 풀밭
크기 암 2~3mm, 수 2~2.5mm
나타나는 때 1년 내내 (주로 4~5월)
생활형 정주성

□ 벼 해충의 주요 천적이다(암컷).

꼬마거미과

작살가랑잎꼬마거미 *Enoplognatha caricis*

사는 곳 논, 논둑, 밭
크기 암 5~7mm,
　　　수 4~6mm
나타나는 때 4~10월
생활형 정주성

논의 벼포기나 논둑, 논 근처 채소밭과 활엽수 등에 산다. 벼포기에 불규칙하게 거미그물을 치고 오르 내리며 해충을 잡아먹는다. 대표적인 논거미로, 친 환경 농업에 이용하기 위해 연구 중이다.

□ 나뭇잎에서 서성이는 암컷.

흰무늬꼬마거미 *Enoplognatha margarita*

해발이 높은 곳에 사는 산지성 거미로, 산림이나 풀
숲의 잎을 오르내리며 먹이를 잡아먹는다. 암컷은
머리가슴이 황갈색이고, 배는 전체가 유백색이며,
끝이 둥근 톱니 모양이라 떡갈나무 잎과 비슷하다.

꼬마거미과

사는 곳 산, 산림
크기 암 5.5~7.5mm,
  수 4.5~5.5mm
나타나는 때 6~9월
생활형 정주성

▫ 종이 다른 거미를 잡는 암컷.(위)
▫ 기어가는 수컷.(아래)

꼬마거미과

사는 곳 인가, 산림
크기 암 2.5~3mm,
　　　수 2.2~2.7mm
나타나는 때 5~9월
생활형 정주성

살별꼬마거미 *Keijia sterninotata*

인가 주변이나 낮은 산림에서 발견된다. 소나무 같은 침엽수에서 많이 살지만 활엽수에도 산다. 꼬마거미류나 접시거미류의 거미그물에 침입해 그들을 잡아먹기도 한다. 알 낳는 때는 8~9월로 알려져 있으며, 알주머니는 흰 공 모양이다.

◻ 불규칙한 거미줄을 기어가는 암컷.(위)
◻ 밑에서 본 모습.(아래)

반달꼬마거미 *Steatoda cingulata*

산림, 풀밭 등의 바위 밑에 주로 산다. 바위와 풀 사
이에 불규칙한 거미그물을 만들고 먹이를 잡아먹는
다. 머리가슴은 검은색이며, 원형에 가까운 배도 검
다. 배 앞쪽에 초승달 모양의 노란 띠가 있다.

꼬마거미과

사는 곳 산림, 풀밭
크기 암 7~9mm,
　　　수 5~6mm
나타나는 때 4~11월
생활형 정주성

□ 나뭇잎 위에서 돌아다니는 수컷.

꼬마거미과

사는 곳 산림
크기 암 2.5~3mm,
　　　 수 2~2.5mm
나타나는 때 4~10월
생활형 정주성

먹눈꼬마거미 *Stemmops nipponicus*

전국 산림의 낙엽, 떨어진 나뭇가지, 돌 밑, 구멍 등에 불규칙한 거미그물을 치고 돌아다니며 사냥한다. 1년 내내 채집이 가능하며, 낙엽을 모아 와서 체로 치거나 낙엽을 뒤지면 비교적 쉽게 발견할 수 있다. 검정토시꼬마거미라고도 한다(남궁준, 2001).

□ 기어가는 암컷.(위)
□ 나뭇잎에서 돌아다니는
  수컷.(왼쪽)
□ 알주머니가 암컷의 배보다
  크다.(오른쪽)

넓은잎꼬마거미 *Takayus latifolius*

나뭇가지나 잎에 불규칙한 거미그물을 만들고 산
다. 나뭇가지나 잎을 오르내리거나 땅 위 낙엽 층
주변에서 기어가는 것을 볼 수 있다. 6월경에 알을
낳으며, 흰 공 모양 알주머니를 배 끝에 달고 다니
며 알을 보호한다.

꼬마거미과

사는 곳 산림
크기 암 5~6mm,
     수 4~5mm
나타나는 때 5~7월
생활형 정주성

❏ 잔뜩 움츠리고 경계하는 암컷.

꼬마거미과

사는 곳 산림, 풀밭
크기 암 3~4.5mm,
　　　수 2~2.5mm
나타나는 때 5~8월
생활형 정주성

검정미진거미 *Yaginumena castrata*

지금까지 채집된 기록으로 볼 때 남한 전역에 분포한다. 산지성 거미로 산림의 나뭇가지나 잎을 오르내리며, 풀과 낙엽 사이를 돌아다닌다. 땅 위를 기어가는 개미 같은 곤충을 잡아먹는다.

□ 나뭇잎 위에서 기어가는 수컷.

코접시거미 *Anguliphantes nasus*

지금까지 채집된 기록으로 볼 때 남한 전역에 분포하는 것으로 보인다. 산림의 낙엽 속에 주로 살지만, 아직까지 생태가 많이 알려지지 않았다.

접시거미과

사는 곳 산림
크기 암수 2~2.5mm
나타나는 때 4~11월
생활형 정주성

■ 나뭇잎에서 움직이는 수컷.(위)
■ 가시접시거미의 거미줄.(아래)

접시거미과

사는 곳 산림
크기 암 3~4mm
　　　 수 2.5~3.5mm
나타나는 때 5~9월
생활형 정주성

가시접시거미 *Bathylinyphia maior*

지금까지 채집된 기록으로 볼 때 남한 전역에 분포하는 것으로 보인다. 산림의 낙엽 속에 주로 살고, 낙엽이나 땅 위를 돌아다니며 먹이를 찾는다.

❏ 기어가다가 잠시 멈춰 선 암컷.

비슬산접시거미 *Crispiphantes biseulsanensis*

산림에 주로 살며, 아직까지 정확한 생태 기록이 없다. 머리가슴 부분은 짙은 황갈색이며, 배 부분은 옅은 황갈색을 띤 달걀형이다. 다리는 황갈색을 띠며, 짙은 황갈색 고리 무늬가 여러 개 있다.

□ 낙엽에서 먹이를 찾는 암컷.

접시거미과

사는 곳 산림
크기 암수 2.5mm 안팎
나타나는 때 4~10월
생활형 정주성

땅접시거미 *Doenitzius purvus*

전국에 분포하며, 산림의 낙엽 층에 많이 산다. 떨어진 낙엽과 나뭇가지, 땅 위를 돌아다니며 먹이를 잡아먹는다. 1년 내내 관찰이 가능하다.

🔲 낙엽 밑에서 기어가는 암컷.

가야접시거미 *Eldonia kayaensis*

땅접시거미나 코접시거미 등과 같이 산림의 낙엽
층에 많이 산다. 떨어진 낙엽과 나뭇가지, 땅 위를
돌아다닌다. 아직까지 정확한 생태가 밝혀지지 않
았다.

접시거미과

사는 곳 산림
크기 암 2.3mm 안팎,
　　수 ?~?mm
나타나는 때 4~11월
생활형 정주성

116

접시거미과

황갈애접시거미 *Gnathonarium dentatum*

사는 곳	논, 습지, 호수 주변
크기	암 2.5~3.5mm, 수 2~2.5mm
나타나는 때	4~11월
생활형	정주성

논과 논 주변, 습지나 호수 등 물가에 주로 산다. 벼멸구 같은 해충을 잡아먹는 논거미로 알려져 있으나, 개체 수는 황산적늑대거미나 턱거미 등에 비해 적다.

ㅁ풀잎 사이를 기어가는 암컷.

흑갈풀애접시거미 *Hylyphantes graminicola*

논과 논 주변, 농경지 근처, 농수로, 풀밭 등에 주로
산다. 벼나 풀줄기를 오르내리며 먹이를 잡아먹는
다. 벼멸구 같은 해충을 잡아먹는 논거미로 알려져
있으나, 자세한 생태는 밝혀지지 않았다.

접시거미과

사는 곳 농경지와
　　　주변 풀밭
크기 암 2.5~4mm,
　　　수 2~3mm
나타나는 때 4~10월
생활형 정주성

□ 나뭇가지에서 머물러 있는 수컷.

접시거미과

사는 곳 평지의 숲,
　　　　 냇가의 풀밭,
　　　　 풀밭
크기 암 5~5.5mm,
　　　 수 4.5~5.2mm
나타나는 때 5~8월
생활형 정주성

살촉접시거미 *Neriene albolimbata*

낮은 산림의 키 작은 나무나 냇가의 풀밭 등에 산다. 풀밭이나 산림의 땅바닥과 식물 사이에 불규칙한 그물을 친다. 성숙기는 7~8월로 알려져 있다.

□ 나뭇가지에 불규칙한 거미그물을 치는 암컷.(위)
□ 죽은 식물 안에 불규칙한 거미그물을 치고 숨은 암컷.(아래)

쌍줄접시거미 *Neriene limbatinella*

침엽수나 고사한 식물 상단부에 돔 모양 거미그물을 치고 살거나, 크리스마스트리 모양으로 거미그물을 만들기도 한다. 날아다니는 곤충을 주로 잡아 먹으며, 성숙기는 8~10월로 알려져 있다.

접시거미과

사는 곳 평지의 숲, 산지
크기 암 5~6mm, 수 4~5mm
나타나는 때 8~10월
생활형 정주성

□ 먹이를 잡는 암컷.(위)
□ 거미그물에서 쉬는 암컷.(아래)

접시거미과

사는 곳 평지의 숲,
　　　　 산지
크기 암 5.5~6mm,
　　　 수 5~6mm
나타나는 때 6~9월
생활형 정주성

농발접시거미 *Neriene longipedella*

남한 전역의 산지에서 비교적 쉽게 발견할 수 있으며, 나뭇가지에 불규칙한 거미그물을 치고 산다. 첫째와 둘째 다리가 유난히 길다.

□ 나뭇가지 사이에서 움츠린 암컷.(위)
□ 주위를 살피는 수컷.(아래)

검정접시거미 *Neriene nigripectoris*

산지의 나뭇가지에 접시 모양의 거미그물을 치고
산다. 날아다니는 곤충을 주로 잡아먹는다.

<table>
<tr><th colspan="2">접시거미과</th></tr>
<tr><td>**사는 곳**</td><td>평지의 숲,
산지</td></tr>
<tr><td>**크기**</td><td>암 3.5~4mm,
수 3~3.5mm</td></tr>
<tr><td>**나타나는 때**</td><td>6~10월</td></tr>
<tr><td>**생활형**</td><td>정주성</td></tr>
</table>

□ 주위를 살피며 경계하는 암컷.

접시거미과
사는 곳 평지의 숲, 산지
크기 암 4~5mm, 수 4~4.5mm
나타나는 때 5~8월
생활형 정주성

고무레접시거미 *Neriene oidedicata*

산림이나 풀밭 등의 낮은 풀이 난 곳에서 땅 가까이에 불규칙한 거미그물을 치고 산다. 전국에서 발견되지만 아직까지 제주도에서 채집한 기록은 없다. 주로 8월에 알을 낳는다.

□ 벼포기 사이를 기어가는 수컷.

등줄가슴애접시거미 *Ummeliata insecticeps*

평지의 숲, 풀밭, 논둑이나 논의 벼포기 등에서 주로 산다. 널리 알려진 논거미로, 논 주변에 살다가 8~9월에 논으로 이동해 불규칙한 거미그물을 치고 해충을 잡아먹는다. 등줄애접시거미라고도 불린다 (남궁준, 2001).

접시거미과	
사는 곳	농경지, 풀밭
크기	암 2.5~3.5mm, 수 2.5~3.2mm
나타나는 때	1년 내내
생활형	정주성

□ 어항의 수면에 떠 있는 암컷.(위)
□ 땅 위를 돌아다니는 수컷.(왼쪽)
□ 물 속 수초 아래에서 위험을
　피하는 암컷.(오른쪽)

늑대거미과	
사는 곳	산지의 계곡, 냇가의 풀밭, 습지
크기	암 8~13mm, 수 7~9.5mm
나타나는 때	3~11월
생활형	배회성

어리별늑대거미 *Alopecosa cinnameopilosa*

산지의 계곡이나 냇가에 있는 풀밭, 습지 등에 산다. 땅 위는 물론이고 물 위에서도 잘 이동한다. 물가를 좋아하며, 위급하면 물 속으로 뛰어든다. 길게는 몇 분 동안 잠수할 수 있다.

◘ 낙엽 위를 돌아다니는 암컷.

먼지늑대거미 *Alopecosa pulverulenta*

산지의 풀밭에 살고, 땅 위를 돌아다니며 먹이를 잡아먹는다. 머리가슴과 배는 짙은 갈색이며, 눈에서 배 끝까지 다양한 형태의 적갈색 줄이 있다.

늑대거미과

사는 곳 평지의 풀밭, 산림

크기 암 6.5~10mm, 수 6~9mm

나타나는 때 6~8월

생활형 배회성

□ 논바닥을 걷는 암컷.

늑대거미과

사는 곳 평지의 풀밭,
　　　　　농경지 주변
크기 암 12~14mm,
　　　수 10~12mm
나타나는 때 5~10월
생활형 배회성

적갈논늑대거미 *Arctosa ebicha*

농경지 주변 풀밭, 풀이 많은 논둑의 갈라진 토양이
나 구멍 등에 산다. 땅 위를 돌아다니며 작은 곤충을
잡아먹는다. 머리가슴부터 배와 다리까지 짙은 적갈
색이다. 적갈늑대거미라고도 한다(남궁준, 2001).

□ 알주머니를 달고 논을 기어가는
  암컷.(위)
□ 땅을 기어가다가 주변을 살피는
  수컷.(왼쪽)
□ 갓 깨어난 새끼들을 등에 진
  암컷.(오른쪽)

별늑대거미 *Pardosa astrigera*

평지, 산림, 풀밭, 농경지 등에 광범위하게 분포해
관찰과 채집이 쉽다. 이동 속도가 매우 빠르며, 4월
경에 알주머니를 배 끝 아래쪽에 달고 다니는 것이
자주 보인다. 새끼는 5월에 깨어나며, 어미의 다리
를 타고 배 위로 올라가 모여 지내다가 뿔뿔이 흩어
진다.

늑대거미과

사는 곳 산림, 풀밭,
        늪지, 농경지
크기 암 8~10mm,
      수 5~8mm
나타나는 때 4~11월
생활형 배회성

□ 강가의 땅 위를 걷는 암컷.

늑대거미과

사는 곳 평지, 산지,
　　　　풀밭, 낙엽 층
크기 암 5~7mm,
　　　수 4.5~6mm
나타나는 때 4~8월
생활형 배회성

뇌가시늑대거미 *Pardosa brevivulva*

산림의 풀밭이나 낙엽 위, 큰 강 주변의 넓은 풀밭 등에 살며, 곤충을 잡아먹는다.

□ 땅 위를 기어가는 암컷.(위)
□ 수컷(아래)

중국늑대거미 *Pardosa hedini*

평지부터 산지에 이르기까지 풀밭이나 식물의 아래
쪽에서 주로 산다. 암컷은 둥근 알주머니를 배 아랫
면에 달고 다니는 습성이 있다. 별늑대거미보다는
채집하기 어렵지만, 성숙기인 5~8월에는 비교적 관
찰하기 쉽다.

늑대거미과

사는 곳 평지,
산지의 풀밭
크기 암 4.5~5.5mm,
수 4~5mm
나타나는 때 5~10월
생활형 배회성

□ 바위 위를 돌아다니는 암컷.(위)
□ 깨어난 새끼들을 지고 기어가는 암컷.(아래)

늑대거미과	
사는 곳	논, 밭, 풀밭, 산지 입구
크기	암 6~8mm, 수 5~6mm
나타나는 때	4~8월
생활형	배회성

가시늑대거미 *Pardosa laura*

논, 논둑, 밭, 평지, 산지 입구 등 사는 범위가 넓다.
농경지의 해충을 잡아먹는 논거미로 알려져 있다.
다른 늑대거미들과 마찬가지로 암컷이 배 밑에 알
주머니를 달고 다니다가 새끼들이 깨어나면 등에
지고 다닌다.

□ 모래밭 위를 돌아다니는 암컷.(위)
□ 자갈 위에서 주위를 살피는 수컷.(아래)

모래톱늑대거미 *Pardosa lyrifera*

식물들 사이의 공간을 빠르게 기어가며, 모래나 돌 같은 보호색을 띠어 발견이나 채집이 어렵다. 수컷의 첫째 다리 끝 쪽에 긴 털이 무더기로 나 있다. 경기도 여주의 강가 유원지에서 많이 살았으나 요즘 개체 수가 줄어들고 있다.

늑대거미과

사는 곳 냇가의 풀밭,
자갈이나
돌 밑
크기 암 6~8mm,
수 4.5~5mm
나타나는 때 6~10월
생활형 배회성

늑대거미과

사는 곳 산 정상
크기 암 5~7mm,
　　　수 4~6mm
나타나는 때 5~8월
생활형 배회성

대륙늑대거미 *Pardosa palustris*

한라산 정상과 같은 고산 지대의 평지나 풀밭에 산
다. 풀과 식물 뿌리, 돌 밑 사이를 돌아다니며 먹이
를 잡아먹는다. 아직까지 생태가 많이 밝혀지지 않
았다.

□ 벼포기 사이를 오르내리는 암컷.(위)
□ 멸구류를 잡는 암컷.(왼쪽)
□ 알주머니를 달고 기어가는
　암컷.(오른쪽)

황산적늑대거미 *Pirata subpiraticus*

논과 논둑, 냇가, 습지 등 물가를 좋아한다. 땅 위뿐
만 아니라 물 위도 잘 이동한다. 논거미의 대표종이
라 할 만큼 개체 수가 많다. 벼포기를 오르내리며
애멸구나 벼멸구 등 해충을 잡아먹어 '살아 있는 생
물 농약'이라고도 부른다. 6월경에 알주머니를 달고
다니는 암컷을 흔히 볼 수 있다.

늑대거미과

사는 곳 논, 논둑,
　　　　　습지, 냇가
크기 암 6～9mm,
　　　수 5～7mm
나타나는 때 5～10월
생활형 배회성

■ 줄을 타고 나뭇가지를 내려오는 암컷.(위)
■ 나뭇잎 위에서 기어가는 미성숙 개체.(아래)

갈거미과

사는 곳 산림
크기 암 7~9mm,
　　　　수 5~7mm
나타나는 때 6~9월
생활형 정주성

검정백금거미 *Leucauge subgemmaea*

산림의 나뭇가지나 풀잎에 가로로 원형 그물을 치고, 밑에서 위로 날아오르는 곤충을 잡아먹는다. 배는 전체가 황금색을 띠며, 자극을 받으면 갈색으로 변해 검정백금거미라는 이름이 붙었다. 금빛백금거미라고도 한다(남궁준, 2001).

□ 암컷의 등.(위)
□ 암컷의 옆면.(아래)

가시다리거미 *Menosira ornata*

산림의 활엽수 잎 뒤에 주로 살며, 거미줄 여러 가
닥으로 거미그물을 만들고 작은 곤충들을 잡아먹는
다. 암컷의 등은 옅은 황갈색이며, 그 가운데에 노
란 무늬가 늘어서 있다.

갈거미과

사는 곳 산림
크기 암 8~9mm,
　　　수 6~7mm
나타나는 때 5~10월
생활형 정주성

□ 나뭇가지에서 다리를 펴고 숨은 암컷.

갈거미과

사는 곳 산지의 계곡,
　　　냇가
크기 암 10~13mm,
　　　수 8~10mm
나타나는 때 5~9월
생활형 정주성

안경무늬왕갈거미 *Metleucauge yunohamensis*

산지의 계곡, 냇가의 나무나 다리 밑에 산다. 수면에서 날개돋이 하는 하루살이 같은 수서곤충을 잡기 위해 가로로 원형 그물을 친다. 안경무늬시내거미 혹은 안경무늬왕거미라고도 한다(남궁준, 2001).

□ 말굽형 거미그물에 있는 암컷(왼쪽)
□ 암컷의 거미줄에 더불어 사는 수컷(오른쪽)

무당갈거미 *Nephila clavata*

도시와 농촌의 건물이나 정원수, 공원 등에 넓게 분포한다. 세로로 원형 그물을 치고 날아다니는 곤충을 잡아먹는다. 성체가 되기 전에는 거미그물이 한 겹이지만, 성장할수록 종전의 거미그물 양쪽에 불규칙한 거미그물을 쳐 3중망 형태의 거미그물을 만들고, 세로로 된 거미그물도 그물 위쪽이 V자 모양

갈거미과		
사는 곳 인가, 건물, 평지의 숲		
크기 암 15.7~22.7mm, 수 4.4~6.1mm		
나타나는 때 5~11월		
생활형 정주성		

1 알 낳기 전 침대보 만들기. 2 알 낳은 뒤 알주머니 덮기. 3 알 낳은 뒤 알주머니 지키기. 4 위장된 알주머니. 5 깨어난 새끼 거미들.

으로 파인 말굽형 그물이 된다.

암컷의 몸은 노란 바탕에 은회색 띠가 있으며, 실젖 주변은 선홍색을 띠고, 다리에는 누런색과 검은색 띠가 있다. 몸빛이 무당처럼 화려해서 무당갈거미라는 이름이 붙었으며, 무당거미라고도 불린다(남궁준, 2001).

짝짓기는 주로 8월 20일 전후에 시작한다. 덜 성숙한 암컷이 마지막 허물벗기를 하기 전이나 성숙한 암컷이 먹이를 먹고 포만감을 느낄 때 수컷이 달려들어 짝짓기를 한다. 짝짓기는 한 번으로 끝나지 않는다.

1 매달려 허물을 벗는다. 2 사마귀를 잡은 암컷. 3 다리 6개를 잃고 2개로만 사는 암컷. 4 비를 피하는 암컷.

온도가 영하로 내려가기 전, 천적들에게서 안전하다고 여겨지는 늦은 밤에 건물 벽면, 처마 밑, 나무줄기, 나뭇잎 등에 알을 낳는다. 거미줄 여러 가닥으로 4~5시간에 걸쳐 깔개(침대보)를 만들고, 그 위에 알을 낳는다. 암컷은 알을 낳은 뒤 여러 시간에 걸쳐 거미줄을 뽑아 알의 윗부분을 덮는데, 그러면 배가 홀쭉해진다.

암컷은 알주머니를 완성한 뒤 주변의 이물질과 나무껍질 등을 이용해 알주

5 짝짓기 하려고 기회를 엿보는 수컷.   6 수컷이 접근한다.   7 암컷이 먹이를 먹는 동안 짝짓기 하는 수컷.

머니를 위장한다. 모성애가 강해서 위장을 마친 뒤에도 알주머니를 품에 안 듯 거꾸로 서서 생명이 다할 때까지 알을 보호한다. 알은 보통 400개를 낳으 며 1,000개가 넘는 경우도 있다. 알주머니 상태로 겨울을 나고, 이듬해 5월 20일을 전후해 깨어난다. 깨어난 새끼들은 나무 꼭대기로 기어가 바람을 타 고 흩어진다.

□ 논 위를 기어가는 암컷.(위)
□ 볏짚 위를 기어가는 수컷.(아래)

턱거미 *Pachygnatha clercki*

호수나 습지, 특히 논의 벼포기 사이에 사는 대표적 논거미 중 하나다. 논뿐만 아니라 논 주변의 낮은 산 낙엽 층에서도 많이 발견된다. 위협을 느끼면 다리를 모두 몸 쪽으로 움츠리거나 위아래로 길게 뻗기도 한다.

갈거미과

사는 곳 호수, 습지, 논
크기 암수 5~6mm
나타나는 때 4~11월
생활형 정주성

■다리를 길게 뻗고 숨은 암컷.

갈거미과

사는 곳 호수, 습지, 논
크기 암 10~13mm,
　　　　수 7~10mm
나타나는 때 4~10월
생활형 정주성

민갈거미 *Tetragnatha maxillosa*

호수, 습지, 논 등의 물가를 좋아한다. 논거미로 알려져 있으며, 풀잎이나 나뭇가지 사이에 가로로 원형 그물을 치고 날아다니는 곤충을 잡아먹는다. 첫째와 둘째 다리가 유난히 길다. 위협을 느끼면 나뭇가지나 풀잎, 벼포기 뒤에 숨는다.

□ 알주머니를 지키는 암컷.(위)
□ 풀잎을 오르내리는 수컷.(왼쪽)
□ 깨어난 새끼들.(오른쪽)

비늘갈거미 *Tetragnatha squamata*

풀밭, 논, 논 주변에 사는 논거미다. 암컷은 7월에
알을 50~80개 낳고 알주머니를 지키며, 알은 8월에
깨어난다. 알주머니는 인가의 벽에 붙어 있는 차일
그물 형태지만 허공에 떠 있다.

갈거미과

사는 곳 풀밭, 논이나
　　　　　농경지 주변
크기 암 7~9mm,
　　　수 6~7mm
나타나는 때 5~8월
생활형 정주성

새우게거미과

황금새우게거미 *Philodromus aureolus*

사는 곳 산지, 풀밭
크기 암 5~6mm,
　　　수 4~5mm
나타나는 때 6~8월
생활형 배회성

평지나 산지의 풀숲에 주로 산다. 첫째와 둘째 다리가 길며, 특히 둘째 다리가 길다. 암컷은 활엽수 잎 안에 알을 낳고, 거미줄을 이용해 알주머니를 덮은 뒤 주위에 머물며 보호한다.

□ 식물에서 내려오는 암컷.

흰새우게거미 *Philodromus cespitum*

평지, 풀밭, 산지 입구, 논둑, 밭둑 등에 주로 산다.
식물 위를 오르내리며 먹이를 잡아먹는다.

새우게거미과

사는 곳 산지, 늪지,
      풀밭, 논밭 등
크기 암 4~6mm,
    수 3~5mm
나타나는 때 5~8월
생활형 배회성

□ 나무껍질과 비슷한 보호색을 띠는 암컷.

새우게거미과

사는 곳 산지, 절,
　　　인가 등
크기 암 6~8mm,
　　수 4~6mm
나타나는 때 5~9월
생활형 배회성

나무결새우게거미 *Philodromus spinitarsis*

산 속의 오래 된 나무, 왕릉이나 절의 정원수 껍질 속에 숨어 있다가 나무줄기를 오르내리며 먹이를 잡아먹는다. 몸은 나무껍질이나 나뭇결과 비슷한 보호색을 띠어 발견하기 어렵다. 행동이 민첩해 인기척을 느끼면 재빨리 숨는다.

□ 나무껍질과 비슷한 보호색을 띠는 암컷.(위)
□ 붉나무 잎을 말아 은신처로 이용한 알주머니.(아래)

갈새우게거미 *Philodromus subaureolus*

산지나 인가 주변 활엽수 잎 아래 위를 돌아다니며
먹이를 잡아먹는다. 나무껍질과 비슷한 보호색을
띠어 잘 보이지 않는다. 인기척을 느끼면 나뭇잎 밑
으로 재빨리 숨는다. 암컷은 잎을 말아 알주머니를
만든 뒤 알을 지킨다.

새우게거미과

사는 곳 산지, 인가,
　　　　　풀밭
크기 암 5~7mm,
　　　수 3.5~5mm
나타나는 때 6~9월
생활형 배회성

□ 나뭇가지 위를 돌아다니는 암컷.

새우게거미과

사는 곳 산지, 풀숲,
        풀밭 등
크기 암 7~8.5mm,
     수 5~6.1mm
나타나는 때 6~9월
생활형 배회성

한국창게거미 *Thanatus coreanus*

평지나 산지의 풀밭과 낙엽 층, 논둑을 돌아다니며
산다. 생태에 관해서는 거의 알려지지 않았다.

□ 땅 위를 돌아다니는 암컷.

중국창게거미 *Thanatus miniaceus*

한국창게거미와 같이 평지나 산지의 풀밭과 낙엽
층에 주로 산다. 땅 위와 낙엽 위를 돌아다니며 먹
이를 잡아먹는다.

새우게거미과

사는 곳 산지, 풀숲,
　　　　풀밭
크기 암 6~7mm,
　　　수 4~5mm
나타나는 때 6~10월
생활형 배회성

□ 나뭇잎 위를 돌아다니는 수컷.(위)
□ 다른 종의 거미를 잡아먹는 수컷.(아래)

새우게거미과

사는 곳 산지, 풀숲,
　　　　　풀밭
크기 암 6~8mm,
　　　수 5~6mm
나타나는 때 4~10월
생활형 배회성

일본창게거미 *Thanatus nipponicus*

산지의 활엽수에 주로 살며, 작은 곤충을 잡아먹지만 다른 종의 거미를 잡아먹기도 한다. 나뭇잎 뒤에 숨어 있어 발견하기 쉽지 않으므로 채집할 때는 채집망으로 털어 잡는 것이 좋다.

□ 주위를 살피는 수컷.

중국어리염낭거미 *Cheiracanthium zhejiangense*

습지나 호수, 계곡 등에 산다. 벼과 식물의 잎 하나
를 접어 그 안에 산실을 만들고 알을 낳는다. 밤에
풀잎을 오르내리며 먹이를 잡아먹고, 낮에는 풀잎
이나 나뭇잎 뒤에 숨어 있다. 염낭거미과로 분류하
기도 한다(남궁준, 2001).

미투기거미과		
사는 곳	습지, 호수, 계곡	
크기	암 8~9.5mm, 수 6~7.5mm	
나타나는 때	6~8월	
생활형	배회성	

152

■ 은신처 주위를 돌아다니는 수컷.

염낭거미과	
사는 곳	산지, 산림, 절 등
크기	암 8~9.5mm, 수 6~7.5mm
나타나는 때	6~9월
생활형	배회성

한국염낭거미 *Clubiona coreana*

산지, 숲, 왕릉이나 절, 오래 된 가로수나 정원수에 산다. 나뭇가지와 나뭇잎 등을 돌아다니며 먹이를 잡는다. 나뭇잎을 접어 산실을 만들고 알을 낳는다. 나무껍질 안에 흰 침대보를 만들고 그 안에 숨어서 겨울을 난다.

□ 벼과 식물 안에 있는 암컷.(위)
□ 은신처를 만들고 숨은 암컷.(왼쪽)
□ 벼포기 사이를 기어가는 수컷.(오른쪽)

각시염낭거미 *Clubiona kurilensis*

습지, 호수, 풀밭, 논과 논 주변 등에 자라는 벼과 식물에 산다. 벼과 식물 잎 하나를 좌우로 당겨 말아 은신처를 만들고 알을 낳는다. 벼 해충을 잡아먹는 논거미로도 알려져 있다.

염낭거미과

사는 곳 풀밭, 논,
　　　　　습지, 호수
크기 암 6~8mm,
　　　수 5~6mm
나타나는 때 5~10월
생활형 배회성

□ 나뭇잎 위를 돌아다니는 암컷.(위)
□ 낙엽 위를 돌아다니는 수컷.(아래)

염낭거미과

사는 곳 산림, 풀밭,
　　　　 평지 등
크기 암 5~6mm,
　　 수 4~5mm
나타나는 때 5~8월
생활형 배회성

부리염낭거미 *Clubiona rostrata*

평지, 풀밭, 산림 지대의 지표면에 이르기까지 널리
산다. 땅, 낙엽, 풀 위를 돌아다니며 먹이를 잡아먹
는다. 돌 밑이나 썩은 나무, 낙엽, 도토리 껍데기 등
에도 은신처를 만든다.

□ 위협을 느껴 움츠린 암컷.(위)
□ 백운가게거미의 생활 환경.(아래)

백운가게거미 *Ambanus paikwunensis*

산기슭이나 비포장 도로 주변, 비탈진 경사면 등의
돌 밑이나 낙엽, 썩은 나무 밑에 산다. 돌이나 나무
밑에 침대보를 만들고 숨어 있다.

비탈거미과

사는 곳 산지, 산기슭
크기 암 12~13mm,
　　　　수 11~12mm
나타나는 때 3~8월
생활형 정주성

□ 땅 위를 돌아다니는 암컷.(위)
□ 암컷을 찾아 기어가는 수컷.(왼쪽)
□ 수컷의 은신처.(오른쪽)

비탈거미과

사는 곳 산지, 산기슭, 동굴
크기 암 10~11mm, 수 8~9mm
나타나는 때 3~11월
생활형 정주성

고려가게거미 *Draconarius coreanus*

산기슭이나 도로 주변, 비탈진 경사면 등의 돌이나 썩은 나무 밑에 주로 살며, 동굴 속에서도 산다. 은신처에 침대보를 만들고 숨는다. 짝짓기와 알 낳는 개수 등 생태가 알려져 있지 않다.

□ 땅 위를 돌아다니는 암컷.

한국깔대기거미 *Paracoelotes spinivulvus*

평지에서 산지에 이르는 돌 틈이나 썩은 나무 구멍, 돌무더기, 인가 주변의 돌담, 창고, 비닐 하우스, 창틀, 블록 사이 등에 널리 산다. 전형적인 깔때기 모양의 거미그물을 만들며, 그 입구는 넓게 펼쳐져 있다. 거미그물의 지상부는 사냥터, 지하부는 은신처와 주거지로 이용한다.

비탈거미과	
사는 곳	평지, 산지, 동굴, 건물 등
크기	암 18~20mm, 수 15~17mm
나타나는 때	3~11월
생활형	정주성

1 암컷을 찾아가는 수컷. 2 짝짓기 3 거미그물 입구. 4 창틀에 깔때기 모양 거미그물이 보인다. 5 거미그물의 내부.

¤ 돌 밑에 은신처를 만들고 숨은 암컷.(위)
¤ 땅 위를 돌아다니는 수컷.(아래)

톱수리거미 *Drassodes serratidens*

산지의 풀밭과 평지의 낙엽 층, 갈라진 토양의 틈, 암석이나 부러진 나뭇가지 아래에 주로 사는 지표성 거미다. 돌 밑이나 낙엽 속에 은신처를 만든다. 기록에 따르면 전국에 분포한다.

수리거미과

사는 곳 산림, 풀밭,
　　　　　낙엽 층
크기 암 9~13mm,
　　　수 8~10mm
나타나는 때 4~9월
생활형 배회성

□ 주위를 살피는 수컷.

수리거미과

사는 곳 산림, 풀밭,
　　　　낙엽 층
크기 암 8~11mm,
　　　수 6~8mm
나타나는 때 4~9월
생활형 배회성

넓적니거미 *Gnaphosa kompirensis*

톱수리거미와 같은 지표성 거미로, 산림의 지표면
이나 땅 속에서 발견된다. 낙엽 밑, 돌과 흙 틈에 은
신처를 만들고, 지표 부근에서 먹이를 잡아먹는다.

□ 나뭇가지 위를 기어가는 수컷.

석줄톱니매거미 *Sernokorba pallidipatellis*

수리거미과

산길이나 산기슭 등의 지표면과 주변 낙엽 층 위를 돌아다니며 먹이를 잡아먹는다. 낮에는 주로 돌 밑이나 나무줄기 등의 밑에 숨어 있다. 머리가슴과 배는 짙은 갈색이다. 특히 배에는 톱니 모양의 흰 가로줄이 세 개 있다.

사는 곳 산림
크기 암 6~8mm,
　　　 수 5~7mm
나타나는 때 5~10월
생활형 배회성

■ 바위 위를 돌아다니는 암컷.

닷거미과

사는 곳 산림, 계곡,
　　　　동굴
크기 암 22~25mm,
　　　수 12~15mm
나타나는 때 6~9월
생활형 배회성

먹닷거미 *Dolomedes raptor*

산림의 동굴이나 계곡 주변에 산다. 물가 주변과 동굴이나 바위 밑 등을 돌아다니며, 물가에서 서성거리다가 위협을 느끼면 잠수하기도 한다.

□ 5월 7일. 알주머니를 물고
  기어간다.(위)
□ 5월 20일. 알 낳은 뒤 불규칙하게
  쳐 놓은 거미그물.(왼쪽)
□ 6월 10일. 알에서 깨어난
  새끼들.(오른쪽)

아기늪서성거미 *Pisaura lama*

농촌의 인가 주변, 낮은 산, 산지의 풀밭 등에 살며,
비비추 같은 식물이나 풀 위를 돌아다니는 것을 볼
수 있다. 커다란 알주머니를 입에 물고 다닌다. 5월
초·중순에 풀잎 사이에 불규칙한 거미그물을 치고
알을 낳는다. 알은 6월 중순에 깨어난다.

닷거미과

사는 곳 산지, 풀밭,
　　　　　인가
크기 암 10~13mm,
　　　　수 7~11mm
나타나는 때 4~9월
생활형 배회성

□ 불규칙한 거미줄을 기어가는
  수컷.(위)
□ 깔때기 모양의 거미그물.(왼쪽)
□ 거미줄에서 움직인다.(오른쪽)

가게거미과

사는 곳 평지, 산지,
　　　　풀밭
크기 암 15~19mm,
　　　수 12~14mm
나타나는 때 6~9월
생활형 정주성

들풀거미 *Agelena limbata*

삼태기 모양의 깔때기 그물을 만든다. 그물은 중앙
의 은신처와 넓은 주변부로 되어 있으며, 주변부는
사냥터로 이용한다. 거미그물이 그리 끈적끈적하지
않기 때문에 먹이가 거미그물에 떨어지면 재빨리 달
려가 먹이 주위를 빙빙 돌면서 거미줄을 내어 묶는
다. 풀거미과로 분류하기도 한다(남궁준, 2001).

□ 알주머니를 지키는 암컷.(위)
□ 알주머니에서 겨울을 난다.(아래)

애풀거미 *Agelena opulenta*

평지, 산지, 인가 주변의 구조물(비닐 하우스, 철근 등)을 이용해 깔때기 그물을 만든다. 들풀거미와 사는 곳이 같다. 둥근 알주머니를 1~2개 만들고 돌이나 바위 밑에 알을 낳는다. 알 상태로 겨울을 나고 이듬해에 깨어난다.

□ 꽃 아래에서 먹이를 기다리는 암컷.(위)
□ 풀 아래 숨은 수컷.(아래)

스라소니거미과

사는 곳 산지, 풀밭,
　　　　농경지 등
크기 암 7~9.5mm,
　　　수 6~7mm
나타나는 때 4~8월
생활형 배회성

밤색스라소니거미 *Oxyopes licenti*

평지의 풀밭, 산림 입구의 개망초나 진달래와 같은 꽃에 살며, 꽃에 오는 곤충을 잡아먹는다. 논과 논둑, 논 주변에서도 발견되며, 벼 해충을 잡아먹는 논거미다. 다리에 유난히 긴 가시털이 많다. 아기스라소니거미라고도 불린다(남궁준, 2001).

□ 땅 위를 기어가는 암컷.

낯표스라소니거미 *Oxyopes sertatus*

논둑과 논 주변의 낮은 산, 풀밭 등에 산다. 밤색스
라소니거미와 같이 논거미로 알려져 있으나, 개체
수가 적은 편이다.

스라소니거미과

사는 곳 산지, 풀밭,
　　　　농경지
크기 암 9~11mm,
　　　수 7~9mm
나타나는 때 4~8월
생활형 배회성

□ 알주머니를 물고 기어가는 암컷.

유령거미과

산유령거미 *Pholcus crypticolens*

사는 곳 산지, 동굴
크기 암 5~6mm,
　　　 수 4~5mm
나타나는 때 5~8월
생활형 정주성

산지의 동굴이나 바위 밑 등 어둡고 습한 곳을 좋아
한다. 불규칙한 거미그물을 치고 살며, 위협을 느끼
면 도망가거나 몸을 움직여 거미그물을 흔든다. 유
백색 알을 낳으며, 알주머니를 입으로 물고 다니며
보호한다.

□ 바위 밑에 있는 암컷.

관악유령거미 *Pholcus kwanaksanensis*

산유령거미와 마찬가지로 산지의 동굴이나 바위 틈 등에 불규칙한 거미그물을 만들고 산다. 암컷은 바위 밑에 침대보 같은 흰 알주머니를 만들고, 알주머니 주변에서 알을 보호한다.

유령거미과

사는 곳 산지, 동굴
크기 암수
　　　5.5~6.5mm
나타나는 때 6~10월
생활형 정주성

1 땅 위를 기어가는 수컷. 2 암컷이 알주머니를 보호한다. 3 사는 곳.

□ 낙엽 위를 기어가는 암컷.

꼬마굴아기거미 *Nesticella brevipes*

산림의 지표면이나 돌 틈, 구멍, 낙엽 층에 주로 산
다. 낙엽과 땅 위를 기어다니며 먹이를 잡아먹는다.
채집 기록으로 볼 때 남한 전역에 분포한다.

굴아기거미과

사는 곳 산지
크기 암 2.8mm,
　　　 수 2.3mm
나타나는 때 5~10월
생활형 정주성

▫ 벼포기 사이를 기어가는 암컷.(위)
▫ 암컷을 찾아 헤매는 수컷.(아래)

아기거미과

사는 곳 논
크기 암수 2.2mm
나타나는 때 8~10월
생활형 정주성

쇠굴아기거미 *Nesticella mogera*

논과 논둑에 주로 산다. 생태에 관한 기록이나 연구 결과가 거의 없다. 8월 이후 벼포기로 이동해 작은 해충을 잡아먹는 것으로 짐작된다.

□ 은신처인 전대그물을 향해 기어가는 어린 암컷.

한국땅거미 *Atypus coreanus*

농촌 인가 주변의 흙담이나 축대, 산지의 절 근처 정원수나 돌계단, 산지에 있는 밭 주변의 바위 밑이나 돌 밑 등에 산다. 1년 내내 발견되며, 특히 유체가 많이 보인다. 집단으로 사는 경우가 많으나 독립적으로 살기도 한다. 남한의 전역에 분포하는 것으로 조사되고 있으나, 조사된 거미들 중 미성숙한 개

땅거미과

사는 곳 인가, 산지, 밭
크기 암 17~18mm,
　　　　수 13~14 mm
나타나는 때 1년 내내
　　　　(주로 4~8월)
생활형 정주성

1 전대그물에 여치류가 기어간다. 2 전대그물 지상부 위쪽의 입구. 3 지표면으로 뻗은 전대그물.

체가 많아 정확한 종 동정이 필요하다.

성체는 땅 속에 길이 30~45cm의 긴 전대그물을 만든다. 전대그물의 지상부는 전체 그물 길이의 3분의 1 정도로, 지표면 위의 나무줄기나 뿌리, 돌계단 등에 지지해 만든다. 땅거미의 몸 크기가 커질수록 전대그물도 커진다. 지상부는 사냥터로 쓰이며, 나뭇가지나 뿌리처럼 위장되어 있다. 지하부에서 머물다가 곤충이나 다지류 등이 전대그물 위를 지날 때 진동을 감지하고 지상부로 올라와 먹이를 물고 지하부로 들어간다.

1 돌축대 밑의 전대그물. 2 길이 15cm 정도인 유체의 전대그물. 3 바위 밑 전대그물. 4 사는 곳.

전대그물의 지하부는 전체 그물 길이의 3분의 2 정도로 원형이다. 지하부는 잡은 먹이를 먹거나 몸을 숨기는 공간이다. 지상부의 전대그물은 나무줄기나 벽면 사이 위쪽으로 뻗은 경우가 많지만, 지면과 평행한 경우도 있다. 전대그물 위쪽을 보면 입구 부분이 거미줄로 덮여 있어 다른 종류의 거미그물과 쉽게 구별할 수 있다.

□ 암컷

땅거미과

사는 곳 인가, 산지,
평지 등
크기 암 15~18mm,
수 6~8mm
나타나는 때 8~10월
생활형 정주성

고운땅거미 *Calommata signata*

전국에 널리 분포하는 종으로, 농촌 지역 학교 정원
석 등에서 가끔 발견된다. 거미그물의 지하부는 한
국땅거미의 지하부와 거의 같지만, 사냥에 이용되
는 지상부가 없다. 대신 전대그물 입구 주변에 거미
줄이 있어 작은 동물이 지나가다 건드리면 전대그
물을 타고 올라와 먹이를 물고 땅 속으로 들어간다.

1 전대그물 안에서 밖으로 나온다. 2 사는 곳과 전대그물.
3 사는 곳. 4 전대그물 근처에서 기어간다.
5 전대그물의 전체 모습.

■ 나뭇가지 사이에 있는 암컷.(위)
■ 아래쪽으로 기어간다.(아래)

손짓거미 *Miagrammopes orientalis*

응달거미과

사는 곳 산지
크기 암 12~15mm,
　　　 수 5~6mm
나타나는 때 8~10월
생활형 정주성

산지의 키 작은 나무나 풀과 나뭇가지에 줄그물이라고 부르는 거미줄 몇 가닥을 늘여 놓고 먹이를 잡아먹는다. 첫째 다리 한 쌍이 유난히 길어 줄그물을 이동할 때 구부려서 움직이며, 이런 모습이 마치 사람이 '이리로 오라'고 손짓하는 모양 같아 손짓거미라는 이름이 붙었다.

□ 나뭇가지 위를 기어가는 수컷.

왕관응달거미 *Philoponella prominens*

응달거미과

산지 주변 키 작은 나무의 가지에 가로로 거미그물을 치고 산다. 거미그물에 흰띠가 있는데, 이것은 원형 그물이 심하게 변해서 둥근 모양을 잃은 일종의 변형된 그물이다.

사는 곳 산지
크기 암 4~4.5mm,
　　　 수 3.5~4mm
나타나는 때 5~8월
생활형 정주성

■ 낙엽 위에서 주위를 살피는 암컷.

사는 곳 산지
크기 암 8~10mm,
　　　수 7~8mm
나타나는 때 5~11월
생활형 배회성

족제비거미 *Itatsina praticola*

산지의 낙엽 층, 돌 틈, 갈라진 구멍, 흙 등에 사는
지표성 거미다. 낙엽 층을 오르내리며 먹이를 잡아
먹는다. 조사한 결과에 따르면 전국의 산림에 산다.

❑ 땅 위를 기어가는 암컷.

주홍거미 *Eresus cinnberinus*

주홍거미과

사는 곳 산지, 바닷가
　　　　　모래 언덕
크기 암 10~15mm,
　　　수 8~12mm
나타나는 때 5~10월
생활형 정주성

비교적 낮은 산의 바위 밑이나 바닷가 모래 언덕의
풀밭에 산다. 암컷은 땅거미와 같이 땅 속에서 생활
한다. 지상부는 터널이나 대롱처럼 생긴 거미그물(지
름 10~15cm)이 I자나 T자 형태로 되어 있다. 지하부
는 전대그물(길이 8~9cm) 형태를 띠며, 지상부와 연
결되어 있다. 암컷의 터널 모양 거미그물 입구는 넓

□ 암컷을 찾아 헤매는 수컷.

은 쪽이 지름 2.5cm, 좁은 쪽이 1.5cm며, 수컷이 사는 곳은 밝혀지지 않았다.
거미그물의 지상부는 사냥터로, 작은 곤충이나 동물이 지나갈 때 지하부에
서 진동을 감지하고 올라와 잡아서 지하부로 들어간다. 지하부는 주홍거미
가 사는 곳으로, 먹이도 이 곳에서 먹는다. 지상부의 터널 모양 거미그물 한
쪽에는 먹고 난 곤충들의 등딱지나 사체를 모아 놓은 쓰레기통이 있다. 바닷
가 모래 언덕 지역에서 곤충의 사체를 조사한 결과 긴조롱박먼지벌레, 녹슬
은방아벌레, 천궁표주박바구미, 모래붙이거저리 등 주홍거미 암컷과 크기가

1 기어가다가 위협을 느끼자 다리를 치켜든 수컷. 2 식물 위를 오르는 수컷. 3 주홍거미 암컷이 사는 거미그물 지상부.

비슷한 것이 많았다.

짝짓기 때는 6월경이며, 알 낳는 때는 알려져 있지 않으나 알은 8월 하순경에 깨어난다. 깨어난 새끼는 1~2mm로 작다. 성체와 달리 전체가 엷은 살구색을 띠며, 검은 털이 조밀하게 나 있다. 한 번에 깨어나는 새끼는 50~60마리로 추정된다. 알에서 깨어 한 달 정도 지나면 새끼들은 좀더 짙은 갈색을 띠며, 크기도 4~5mm까지 자란다. 어미가 쳐 놓은 거미그물에 곤충이 걸려

4 부화한 지 3일 된 새끼들. 5 생명을 다하고 죽은 수컷. 6 바닷가 모래 언덕.

들자 새끼들이 공동으로 먹이를 제압해 잡아먹는 장면도 관찰했다.

다 자란 수컷은 바닷가 모래 언덕에서 5월 말부터 6월 중순까지 발견되며, 땅과 식물 위를 분주하게 돌아다닌다. 위협을 느끼면 첫째 앞다리를 치켜들고 위협 행동을 하며, 식물의 뿌리나 구멍, 틈 사이로 빠르게 숨는다. 안전하다고 판단되면 다시 움직이기 시작하며, 짝짓기 하기 위해 암컷을 찾아 이동한다. 암컷은 1년 내내 채집 가능하나 발견하기가 매우 어렵다.

□ 바위와 비슷한 보호색을 띠는 암컷.

갈대잎거미 *Dictyna arundinacea*

풀밭이나 길가 풀밭, 산지 부근의 나뭇가지나 풀잎 등에 산다. 나뭇가지나 잎에서 다른 잎을 끌어당겨 흰 차일그물을 치고, 파리나 등에와 같이 날아다니는 곤충을 잡아먹는다.

잎거미과

사는 곳 풀밭, 산지
크기 암 3~3.5mm,
　　　 수 2.5~3mm
나타나는 때 4~8월
생활형 정주성

▫ 옆에서 본 암컷.(위)
▫ 정면에서 본 모습.(아래)

<table>
<tr><td colspan="2">가죽거미과</td></tr>
</table>

사는 곳 인가
크기 암 5~8mm,
　　수 5~6mm
나타나는 때 4~11월
생활형 정주성

아롱가죽거미 *Scytodes thoracica*

인가에 살면서 방이나 마루, 창고 등의 벽을 오르내리며 곤충을 잡아먹는다. 움직임이 느리고, 주로 어두운 곳에서나 밤에 활동한다. 끈끈한 점액성 거미줄을 침을 뱉듯이 내어 먹이를 잡는 것으로 알려져 있다.

🔲 나무줄기를 오르는 암컷.

대륙납거미 *Uroctea lesserti*

인가의 건물 벽, 농기계나 창고의 문 등에 동전 크기만한 차일그물을 치고, 흰 알주머니를 만든다. 그물 주변에는 방사상의 더듬이줄이 늘어져 있으며, 곤충이나 지네, 노래기 등이 건드리면 재빨리 나와 잡아서 은신처로 들어간다. 먹고 남은 찌꺼기는 집을 위장하기 위해 차일그물 밖에 붙여 놓는다.

띠끌거미과

사는 곳 인가
크기 암 8.5~10.5mm,
　　　수 5~6mm
나타나는 때 4~11월
생활형 정주성

1 차일그물 2 알주머니 3 집단 서식지.

■ 움푹 파인 땅 속에 숨은 암컷.(위)
■ 대롱이나 터널 모양의 거미그물.(아래)

공주거미 *Ariadna lateralis*

평지에서 산지에 이르기까지 돌 밑이나 바위 틈에
산다. 움푹 들어간 돌 밑이나 바위 밑에 대롱 혹은
터널 모양의 거미그물을 만들고 숨어 있다. 대롱 모
양 거미그물은 양쪽에 입구가 있어 위급할 때 이용
한다. 작은 흙덩어리를 이용해 거미그물을 위장하
기도 한다.

공주거미과

사는 곳 평지, 산지
크기 암 11~15mm,
　　　수 7~9mm
나타나는 때 4~11월
생활형 정주성

■실내 사육 중에 수면으로 올라온 암컷.

꿀뚝거미과
사는 곳 늪지
크기 암 8~15mm,
수 9~12mm
나타나는 때 1년 내내
(주로 5~10월)
생활형 정주성

물거미 *Argyroneta aquatica*

현재까지 우리나라에 사는 거미 중 유일하게 일생을 모두 물 속에서 생활하는 거미다. 물거미가 사는 경기도 연천군 은대리의 늪지는 보호 지역으로 지정되었다. 호흡하기 위해 수면에서 공기주머니를 만들며, 물 속의 수초 줄기나 뿌리에는 더 큰 공기주머니집을 만들고 그 속에서 먹이를 먹거나 허물

191

1 보호 지역으로 지정된 경기도 연천군 은대리의 늪. 2 사는 곳.
3 실내 사육 장면. 4 공기주머니집을 만든다.

벗기, 짝짓기, 알 낳기를 한다.

갓 깨어난 새끼들은 수면 근처에서 작은 공기주머니집을 만들고, 먹이 활동을 한다. 간혹 공기주머니집을 뺏기 위해 서로 다투기도 한다. 다 자란 물거미는 새끼들과 달리 수초의 중간이나 지표 부근에 지름이 1.5~2.3cm의 공기주머니집을 만든다. 공기주머니집이 너무 크면 부력 때문에 떠오르기도 해 거미줄로 수초 등에 붙여 놓으며, 공기주머니집 내부에도 터지지 않게 거미줄을 촘촘하게 친다. 물거미는 물 속에서 유영을 잘 못해서 공기주머니집을 만들거나 이동할 때 수면과 지면 사이에 쳐 놓은 거미줄이나 수초를 타고 오

5 실잠자리를 잡는 수컷. 6 짝짓기 한 뒤 산실을 꾸민다.
7 산실과 공기주머니집.

르내린다.

기관숨문과 책허파가 있어 물 밖으로도 나올 수 있으나, 대개 일생을 물 속
에서 보낸다. 짝짓기는 주로 7~8월에 하며, 짝짓기 한 뒤에는 암수가 함께
생활한다. 공기주머니집의 위쪽은 알을 낳아 보호하는 육아방으로, 아래쪽
은 암수가 사는 공간으로 나누어 이용한다. 알은 약 50개를 낳고, 새끼들은
일곱 번 정도 허물을 벗으며 성체가 되는 것으로 알려져 있다. 땅 속에서 겨
울을 나며, 이듬해 봄에 다시 물 속 생활을 시작한다. 실지렁이, 깔다구, 장
구벌레, 실잠자리 애벌레를 주로 먹는다.

□ 주위를 살피며 기어가는 수컷.(위)
□ 자갈밭에 산다.(아래)

살깃자갈거미 *Nurscia albofaciata*

냇가의 풀밭이나 자갈밭, 산기슭이나 언덕의 돌 밑, 낙엽 층 사이 등에 산다. 불규칙한 거미그물을 치고 땅 위를 기어가는 개미 같은 곤충을 주로 잡아먹는다. 돌이나 자갈 밑 등에 주로 살기 때문에 자갈거미라고도 한다.

자갈거미과

사는 곳 언덕, 냇가, 산기슭

크기 암 6~8mm, 수 4~6mm

나타나는 때 5~9월

생활형 정주성

□ 낙엽 층 위를 돌아다니는 암컷.(위)
□ 암컷을 찾아 기어가는 수컷.(아래)

너구리거미과

사는 곳 풀밭, 산지
크기 암 9~11mm,
　　　수 8~10mm
나타나는 때 4~10월
생활형 배회성

너구리거미 *Anahita fauna*

산림의 낙엽 층, 돌 틈, 썩은 나뭇가지 밑이나 갈라진 틈 등에 주로 산다. 지표성 거미로 땅 위를 돌아다니며 먹이를 잡아먹는다. 전국에 분포하며, 구별하기 쉽다. 유체는 채집하기 쉬우나 성체는 잡기 어려운 편이다.

찾아보기